KB094843

과알못도 웃으며 이해하는 잡학다식 과학 이야기

지이·태복 지음   이강영 감수

더 퀘스트

과알못도 웃으며 이해하는 잡학다식 과학 이야기

어쩌다 과학

초판 발행 · 2021년 3월 5일
초판 2쇄 발행 · 2021년 4월 15일

지은이 · 지이 · 태복
감수 · 이강영
발행인 · 이종원
발행처 · (주)도서출판 길벗
브랜드 · 더퀘스트
출판사 등록일 · 1990년 12월 24일
주소 · 서울시 마포구 월드컵로 10길 56(서교동)
대표전화 · 02)332-0931 | **팩스** · 02)323-0586
홈페이지 · www.gilbut.co.kr | **이메일** · gilbut@gilbut.co.kr
대량구매 및 납품 문의 · 02)330-9708

기획 및 책임편집 · 박윤조(joecool@gilbut.co.kr) | **제작** · 이준호, 손일순, 이진혁
마케팅 · 한준희, 김선영, 김윤희 | **영업관리** · 김명자 | **독자지원** · 송혜란, 윤정아

디자인 · onmypaper | **CTP출력, 인쇄, 제본** · 금강인쇄

ISBN 979-11-6521-480-7 03400
(길벗 도서번호 040163)

값 17,500원

독자의 1초까지 아껴주는 정성 길벗출판사

(주)도서출판 길벗 | IT실용, IT/일반 수험서, 경제경영, 인문교양 · 비즈니스(더퀘스트), 취미실용, 자녀교육 **www.gilbut.co.kr**
길벗이지톡 | 어학단행본, 어학수험서 **www.gilbut.co.kr**
길벗스쿨 | 국어학습, 수학학습, 어린이교양, 주니어 어학학습, 교과서 **www.gilbutschool.co.kr**

페이스북 **www.facebook.com/thequestzigy**
네이버 포스트 **post.naver.com/thequestbook**

공원을 달리던 잼잼의 머릿속에
문득, 며칠 전 일이 떠올랐다.

블랙홀 사진 볼래요?
좀 전에 찍었는데.

중학생 조카와의
일도 생각났다.

잼잼 이모,
이것 좀
봐봐.

뭔데?

냉장고
VS
볼링공

냉장고랑 볼링공을 동시에 떨어트리는
실험이래. 어떤 게 땅에 먼저 닿을까?

CONTENTS

소문난 잔치에
파이 한 조각

01

과학자들의 실수

네 명의 학자에게
파티 초대장이 날아온다.

To. 아리스토텔레스

플라톤의 제자이자 역사상
가장 위대한 고대 그리스의 철학자.
과학·윤리학·정치철학·자연철학·
형이상학·논리학 등에 통달한
만학의 아버지인 귀하를
파티에 초대합니다.

B.C. 384~322

B.C. 365~275

To. 유클리드

고대 그리스의 수학자이자
기하학 분야에서 가장 유명한
책인 『원론』의 저자.
"기하학에는 왕도가 없다"는
인상적인 말을 남긴 귀하를
파티에 초대합니다.

To. 아인슈타인
상대성 이론을 발견한 독일 출신
물리학자로 E=mc²이라는 공식의
주인공. "신은 주사위 놀이를
하지 않는다"라는 말로 유명한
당신을 파티에 초대합니다.

To. 월리스
19세기에 활동한 영국의
생물학자, 지리학자이자
탐험가인 앨프리드 러셀 월리스.
활동 당시, 찰스 다윈과
쌍벽을 이룬 당신을
파티에 초대합니다.

드디어
파티날이 되어
넷은 한자리에
모인다.

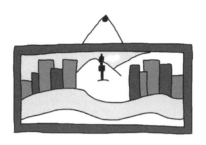

꼬ㄹㄹㄹ록

허허…. 소문난 잔치에 머을 것 없다더니 이를 어찌한다…. 앗, 가만 보니 파이모양이 기하학적이네. 그럼 이건 제가 ….

쓰윽—

아니, 이 양반이!

탁!

왜 당신이 이 파이를 먹어야 하는지 삼단논법으로 증명한다면 먹어도 좋소!!

끄덕 끄덕

옳소!

소문난 잔치에 파이 한 조각

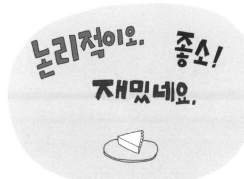

제가 쓴 『원론』은 다들 아실 테고,
『광학』이라는 책도 썼어요. 이 유클리드가!
광학을 다룬 세계 최초의 책이랍니다.

후훗

아오, 짜증 나.
내가 먼저 하려
했는데…

별 실수
아니어야
할 텐데…

나이가 깡패인가.
난 저러지
말아야지…

1빠지롱~
하하하

그런데 말입니다.
그런 제가 그만 실수를
했지 뭐예요, 하하하
OMG! 믿을 수가 없죠?

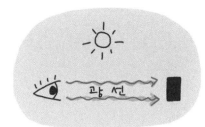

제가 참, 뭐에 씌었는지…. 『광학』에 이렇게 썼어요. "우리가 사물을 볼 수 있는 이유는 눈에서 사물을 향해 광선이 뻗어나가기 때문이다."

한심

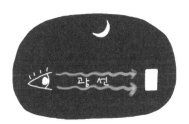

그 말대로라면, 밤에도 모든 사물을 낮처럼 훤히 볼 수 있겠군요. 밤에도 눈에서 광선이 나올 테니.

하하하하하하

정말 어처구니없죠?
그러니 이 파이는
제가 실례~

아니, 그 실수를 아는 사람이 몇이나 되오?
실수가 대단하려면 많은 이들이 알아야지.
그리고 뭐… 눈에서 광선… 그래, 나갈 수도
있지! 충분히 그렇게 생각할 수 있소!!

진짜?

끄덕끄덕

탁!

나는 무거운 물체와 가벼운 물체를 동시에 떨어뜨릴 때, 무거운 물체가 더 빨리 떨어진다고 떡하니 발표했단 말이오. 그런데 실제로 떨어뜨려 보면, 둘이 동시에 땅에 닿소. 끄응…

대단히 부끄러운 실수가 아니라고 아니하지 아니할 수 없지 않소?

크크
큭!

아니, 가벼운 물체보다 무거운 물체가 지구가 당기는 힘도 크니까 더 빨리 떨어지는 게 당연하지 않소? 거참… 솔직히 아직도 이해가 안 가오.

크크
맙소사…

만화의 제왕이라는 분이 그런 것도 모르신다뇨… '뉴턴의 운동법칙' 모르세요?

두 물체는 동시에 땅에 떨어집니다.

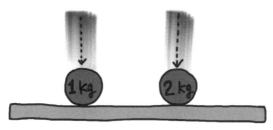

뉴턴의 제2운동법칙 때문이죠.

$$F = ma$$

F: 힘 m: 질량 a: 가속도 = 시간에 따른 속도의 변화

우선, 뉴턴의 '만유인력의 법칙'에 의하면 지구와 물체가 당기는 힘(중력)은 물체의 질량에 비례해요. 그것만 보면 가벼운 물체보다 무거운 물체가 땅에 더 빨리 떨어질 것 같죠.

그런데 !!!

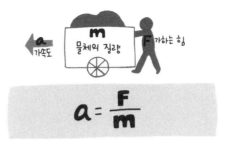

$$a = \frac{F}{m}$$

시간에 따른 속도의 변화율인 가속도 a는 힘 F에 비례하고, 물체의 질량 m에 반비례해요. 즉, 힘이 클수록 가속도는 커지고, 질량이 클수록 가속도는 작아지죠.

똑같은 힘을 가해 수레를 밀 때, 수레가 무거울수록 잘 안 굴러가요. 그러니 무거울수록 (질량이 클수록) 가속도가 작은 것이죠.

즉, 위의 가속도 공식에 의해 두 공의 가속도는 같아요. 속도의 변화가 똑같으니 두 공은 동시에 땅에 닿죠.

이러한 관계는 예로 든 1kg짜리 공과 2kg짜리 공뿐만 아니라 어떤 질량의 물체에도 마찬가지로 적용돼요. 따라서 모든 물체는 질량과 상관없이 동시에 땅에 떨어진답니다.

1 kg짜리 공과 2kg짜리 공을 떨어트린다고 해보자고요.

지구가 물체를 당기는 힘은 물체의 질량에 비례하니까 1kg짜리 공을 지구가 당기는 힘을 1N이라고 하면, 2kg짜리 공을 지구가 당기는 힘은 2N이에요.

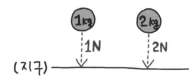

(지구) ————————

따라서 가속도 $a = \dfrac{\text{힘}\,F}{\text{질량}\,m}$ 이니까

1kg 공의 가속도 $= \dfrac{1N}{1} = 1N$

2kg 공의 가속도 $= \dfrac{2N}{2} = 1N$

따라서
1kg 공의 가속도 = 2kg 공의 가속도.

그러므로
1kg 공과 2kg 공은 동시에 땅에 닿는다.

공기 저항이 없는 달에서
망치와 깃털이 동시에 낙하하는 모습

30

안녕하세요? 찰스 다윈입니다. 저는 1831년부터 시작된 비글호 탐사 도중에 갈라파고스 제도의 생태계를 조사했어요. 그곳에서 자연선택설에 대한 영감을 얻고 단서를 모아 후에 이론으로 발표했죠.

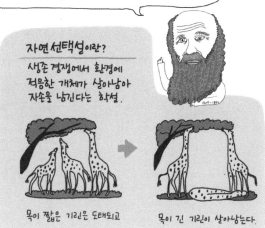

자연 선택설이란?

생존 경쟁에서 환경에 적응한 개체가 살아남아 자손을 남긴다는 학설.

목이 짧은 기린은 도태되고   목이 긴 기린이 살아남는다.

19세기 중반에 저는 말레이 제도를 몇 년간 탐험하면서 자연 선택에 의한 진화론에 착안했어요. 그리고 그걸 논문으로 써서 다윈에게 보내 의견을 구했죠. 그랬더니…

그랬더니?

빨리 말해요. 현기증 난단 말이에요.

어쩌재 불안하다 …

그랬더니 다윈이 그러더군요.

오, 마침 잘되었소!
나도 그걸 연구 중이었다오.
우리 공동으로 논문을 발표합시다.

싫다고
해요!

그래서?

좋다고 했죠 뭐…
저는 흙수저여서 제 이론을
독자적으로 널리 알리기
어려웠거든요.

그런데 다윈은 20년 동안 자연선택에 의한 진화론을
연구하면서 느긋하게 방대한 양의 책을 쓰고 있었답니다.
그러다 저의 논문으로 인해 위기감을 느꼈던 것 같아요.
제 논문을 받은 후부터 미친 듯이 책을 써서 다음 해에
혼자 『종의 기원』을 내버렸지 뭡니까?

저는 여전히 말레이 제도에 머물고
있었어요. 그래서 아무것도 몰랐죠.

결정적으로 다윈은 저랑 달리 금수저였어요.
집안의 인맥을 동원해서 진화론의 주창자로
혼자 명성을 독차지해버린 거죠.

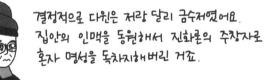

다들 아시다시피 '상대성이론'에는 '특수상대성이론'과 '일반상대성이론'이 있는데…

(소곤소곤)
유클리드 님, 저 말 무슨뜻인지 아세요?

뭐래, 정말. 아인슈타인 저 냥반 사람 그렇게 안 봤는데, 그깟 파이 좀 먹겠다고 아무말이나 막 던지는구나. 기가 찬다.

아인슈타인 이전 사람들

일반상대성이론의 방정식을 풀어서 우주가 어떻게 되나 봤더니

아래와 같은 답이 나왔어요.

$$G_{\mu\nu} = 8\pi T_{\mu\nu}$$

단순하고 깔끔하니, 보기가 좋았죠. 아주 마음에 들더라고요. 그런데…

으아악~

저 방정식에 따르면 우주가 계속 팽창하네? 싫어, 싫어. 수축도 팽창도 하지 않는 정적인 우주가 좋단 말이야.

그래서 방정식에 우주의 팽창을 상쇄시키는 항인 우주상수 Λ람다를 집어넣었어요.

$$G_{\mu\nu} + \Lambda g_{\mu\nu} = 8\pi T_{\mu\nu}$$

좀 번거로웠지만 우주가 팽창하지 않도록 만들었네.

우주란 무릇 정적이어야 하는 법….

Peace~

물리학자는 기호 한두 개로 우주를 팽창시켰다가 정지시켰다가, 아주 마음대로 주무르는구랴.

유클리드 님, 정신줄 놓으시면 안 돼요.

$$e^{i\pi}+1=0$$

오일러 공식

'세상에서 가장 아름다운 공식'으로
선정된 공식. 세상에 전혀 쓸모없어
보이지만, 전자공학의 핵심 개념.
따라서 현대의 전자 문명을 떠하니
떠받치고 있다는 사실!

$$\Delta x \Delta P \geq \frac{h}{4\pi}$$

양자역학 불확정성의 원리

물리학자 하이젠베르크가 내놓은
양자역학의 대표적인 한 원리.
입자의 위치와 운동량을 동시에
둘 다 정확하게 측정할 수 없다는 내용.

$$G_{\mu\nu} = 8\pi T_{\mu\nu}$$

아인슈타인 방정식

물질의 배치(분포)로 인해 우주의
시공간이 어떻게 왜곡되는지를
나타내는 방정식.

$$A = \pi r^2$$

원의 면적

이 세상에는 사각형뿐 아니라,
원형으로 된 물체들도 매우 많다.
따라서 그런 물체들의 넓이를
구해야 할 때도 많은데,
그 모든 게 이 공식 하나로 해결됨!

파이가
얼마나
중요한데…

그런데 저 생명체는 뭐요?
고양이 같기도 하고, 개 같기도 하고
어찌 보면 소 같기도 하고….

아까 물어보니
이름이 '댕고'라고
하더이다. 댕고가
뭐요, 댕고가.
장고도 아니고….

제 생각에 '댕고'라는 이름은
멍멍이를 뜻하는 신조어인
'댕댕이'와 '고양이'의 앞 글자를
따서 지은 것 같습니다.
댕댕이 + 고양이 = 댕고

댕고고 오뎅이고 간에
배고파 죽겠네.

어떻게
사십니까?

02

피가 되고 살이 되는 혈액 이야기

직각처럼 반듯하게 삽니다.

피타고라스
B.C 580 ~ B.C 500
'피타고라스의 정리'를
발견한 고대 그리스의
수학자, 철학자, 종교가

이상적으로 지냅니다.

플라톤 B.C 428~B.C 347
동굴의 비유를 통해
'이데아'가 이 세계의
본질임을 주장한
고대 그리스의 철학자

늘 생각이 많습니다.

파스칼 1623~1662
현대 실존주의 선구자로
"인간은 생각하는 갈대"라는
말을 남긴 프랑스의 사상가,
수학자, 물리학자

어떻게 사십니까?

드라쿨라
흡혈귀

드라쿨라 님 맞으시쪼?
시간 좀 내주세요.
궁금한 게 있어요.

밤에만 가능한데…

저기요 ~

왜?

뭐?

안녕하시렵니까, 독자 여러분?
「어쩌다 일보」갸웬 기자, 잼잼입니다.
오늘은 혈액 전문가를 모시고,
이야기를 나눠보겠습니다.

수백 년 동안
피 맛을 보고 계시는
드라큘라 님을 모셨습니다.

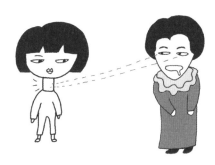

어떻게 사십니까?

드라큘라 님은 피 맛만 보시는 줄 알았는데, 의외로 혈액 과학 전문가로 정평이 나 있으시더라고요.

처음엔 맛만 보았어요. 그러다 보니 나름 사명 의식이랄까? 그런 게 생기더군요. 그래서 연구를 시작했고, 그게 수백 년이 되었네요.

뭐, 잘 아시다시피 요즘에는 뭐든 한 분야의 프로가 되어야 살아남는 시대가 아니겠습니까?

후훗

프로페셔널…

사람들은 지금도 드라큘라 님이 피를 마시기만 하는 줄 알고 있거든요. 여쭤하지 않으세요?

사람들은 제가 피를 마시는 데만 관심을 가지더군요. 사실…… 이건 좀 말하기 그런데…

실은 제가 좀 관종이에요. 아… 인터뷰인데 이런 단어 쓰면 안 되죠? 아무튼 그렇다 보니, 사람들에게 관심을 끌 만한 이미지만 부각시켰어요. 뭐… 제가 즐긴 면도 있죠.

제가 관종 몇 아는데, 님은 관종 축에도 못 껴요. 고작 피 마시는 걸로는 어림없어요.

그렇죠? 뭐 좋은 방법 있음 좀 알려주세요. 원, 세상에. 피 마시는 걸로도 안 되면 뭘 어쩌라는 건지…

어떻게 사십니까?

아니, 얼마 전에 뉴스 보니까 누가 혈서를 썼다는데, 알고 보니 피로 쓴 게 아니라, 아까징끼… 아, 그러니까 빨간 소독약으로 썼다더라고요. 햐, 요새 관종들 못 당한다니까요.

자, 일단 인터뷰부터 합시다.

 오늘날에는 피가 심장에서 흘러나와서 온 몸을 돈 다음에 다시 심장으로 들어간다는 것이 상식이죠. 그런데 불과 몇 백 년 전만 해도 그렇지 않았다면서요?

네, 17세기 초반에 영국의 의사이자 생리학자인 윌리엄 하비가 혈액순환설을 발표하기 전까지는 아무도 그런 줄 몰랐어요.

그럼 그 전에는 대체 뭐라고 알고 있었던 거죠?

그 전에는 아득한 옛날인 로마 시대의 의사인 갈레노스의 학설이 정설이었죠.

혈액은 간에서 만들어집니다. 그리고 순환하지 않고 그냥 소모됩니다. 오케이?

특별히 좋아하는 혈액형 있나요?

제 입맛에는 B형이 제일 맛있…

아, 아니 그게 아니고…. 혈액형이 다 같죠. 깨물어서 안 아픈 혈액형 없습니다

예.
A, B, AB, O형과 같은
혈액형은 어떻게
발견되었나요?

우리가 아는 ABO식 혈액형을
처음 발견한 사람은 오스트리아의
병리학자 카를 란트슈타이너입니다.
그 공로를 인정 받아 1930년
노벨 생리의학상을 받았죠.

혈액형은 수혈 가능성을
판단하는 데 중요합니다.
혈액형이 맞지 않는 사람끼리
수혈하면 항원 항체 반응으로
피가 응집되어 생명이 위태로워
질 수 있으니까요.

카를 란트슈타이너 1868~1943

란트슈타이너 선생님, 정말 중요한 걸 발견하셨네요. 그렇다면 A, B, AB, O형은 어떻게 정해지나요?

우리의 혈액형은 부모 각각에게서 받은 유전자의 조합으로 결정됩니다. 부모님들은 각각 혈액에 관여하는 A, B, O 유전자를 갖고 있어요. 자녀가 이 유전자를 부모로부터 받을 때, A와 B는 우열관계가 없고 O는 A와 B에 열성이에요.

$$A = B > O$$

그러니까 부모에게서 각각 A유전자만 받으면 자녀의 유전자는 AA니까 A형이 되고, 부모에게서 A와 B유전자를 받으면 AB형이 되며, A 유전자와 O유전자를 받으면

O는 A에 대해 열성이라서 혈액형으로 나타날 수가 없으니까 AO형이 아니라 A형이 된다는 거죠?

보기와 달리 이해력이 좋으시네요!
부모가 A형, O형이면 부모의 유전자는
AA, OO 또는 AO, OO겠죠.
그러면 자녀는 A형 또는 O형만
가능하다는 말씀!

A형과 O형 부모를 둔 자녀일 경우

- A형 부모 유전자 = ① AA 또는 ② AO
- O형 부모 유전자 = OO

① $\overparen{AA + OO}$ = AO, AO, AO, AO ⇒ A형
② AO + OO = AO, AO, OO, OO ⇒ A 또는 O형

그러면,
Rh식 혈액형은 무엇인가요?
저는 Rh⁺, Rh⁻ 이게 참
신기하더라고요.

혈액형을 분류하는 방식은 아주 많아요.
가장 대표적인 게 ABO식이고, 그 다음으로
RH식이 있어요. 혈액에 RH인자가
있으면 RH⁺, 없으면 RH⁻죠.

Rh⁺ > Rh⁻

Rh⁺가 Rh⁻에 우성이어서 인구 중에
Rh⁺ 혈액형이 훨씬 많고 Rh⁻형은
별로 없어요. Rh⁻는 서양에서는
인구의 약 15%인데 반해, 동양에서는
약 1%이고, 특히 한국인 중에는
약 0.1%가 Rh⁻형이에요.
기본적으로 Rh⁺와 Rh⁻는 같은 형끼리만
수혈이 가능해요.

그리고 Rh식 혈액형은 ABO식 혈액형과
따로 존재하는 게 아니에요.
ABO식 혈액형 중 하나이면서 동시에
Rh⁺냐 Rh⁻냐인 거죠. 그러니까
A형이면서 Rh⁻인 사람은 A⁻라고
혈액형 표시를 해요.

자, 이제 드디어
혈액형과 성격에 대해
이야기를 나눠보겠어요.

두근두근

어떻게 사십니까?

혈액형과 성격요?
지금 혈액의 과학에 대해
이야기하는 자리 아닌가요?
웬 혈액과 성격? 어머어머~~
혈액형별 성격설은 과학적 근거가
없는 사이비 과학이에요!

아직도 그런 걸 믿는 사람이
있나 보네. 그런 거 낭당으로
잘못 말했다가 패가망신한
흡혈귀 여럿 봤지….

잼잼 기자님, 혈액형별
성격설이 어디서 나온 건 줄
아세요? 바로 '우생학'이에요.

헉…
수많은 인종차별의
근거가 되었던 우생학요?

앞에서 이야기했듯이 ABO식 혈액형은 오스트리아의 생리학자 란트슈타이너가 처음 발견했어요. 그리고 그 후, 독일의 내과의사 둥게른과 폴란드의 생물학자 힐슈펠트가 이를 우생학적으로 적용하여 피의 형질에 따라 인간의 기질이 결정된다는 이론을 펼쳤어요.

유럽인들 가운데 A형이 가장 많고 B형이 적다는 사실을 토대로 하여 'A형이 가장 우수하고 B형은 열등하다. 그러므로 B형이 비교적 많은 아시아 인종은 열등한 민족이다' 라고 규정한 거죠.

그리고 그 주장이 일본으로 넘어가 동경여자고등사범학교 교수였던 후루카와 다케지(1891~1940) 교수가 이론으로 내놓았어요. 후루카와 교수는 친척들의 혈액형과 성격을 조사하여 통계를 낸 다음 그 내용을 발표했어요.

사요나라~

하지만 1940년, 그가 죽으면서 이 주장도 역사 속으로 사라졌어요.

엥? 1940년에 사라졌다고요? 우린 지금도 혈액형별 성격에 대해 이야기하잖아요.

아, 그거요? 그게 꽤 오래전 일인데…. 후루카와 교수가 죽고 30년쯤 지난 1970년, 제가 혈액형별 성격에 관한 책을 썼었죠. 제가 방송작가라 글을 재미있게 잘 써서인지 책이 아주 크게 성공했죠. 그리고 그 후, 한국에서도 혈액형별 성격설이 다시 유행하게 됐고요.

어떤 사람들은 처음 만난 자리에서 제게 혈액형이 뭐냐고 묻더라고요. 황당했어요. 사실, 성격을 4가지로 나눈다는 게 웃기잖아요. 페루 인디언은 100% O형이래요. 그렇다면 이들 모두 성격이 같게요? 그리고 혈액형별 성격론이 거론되는 나라는 우리나라와 일본, 두 나라뿐이래요.

그러니까요.

그리고 우리가 또 알아야 할 게 있어요. 일본은 둥게른과 힐슈펠트의 주장을 이용해서 식민지배를 정당화하려 했어요. '일본인이 조선인보다 인종적으로 우월하다'는 주장을 하기 위해 우리나라 사람들의 혈액형을 분류하는 데 혈안이 되었다고 해요.

일본 사람과 조선 사람의 혈액형을 조사한 결과, 조선인보다 일본인의 A형 비율이 더 높았습니다. 둥게른과 힐슈펠트의 주장에 따르면 A형이 많은 일본인이 조선인보다 우월하다는 결론이 나오죠.

뭐래…

2004년, 한 은행이 O형과 B형만 채용한다고 구인광고를 내서 물의를 빚었어요. 그리고 2007년에는 한 교육청에서 혈액형별 공부법이 담긴 책자를 나누어줘서 논란이 일기도 했지요.

혈액형에 따라 사람을 구분하는 건 과학이 아니라는 것. 그리고 타고난 것으로 사람을 구분지어 버림으로써 차별과 불이익을 초래할 수 있다는 걸 명심해야겠어요!

오늘, 드라큘라 님 덕분에 정말 많은 걸 알게 됐어요. 고맙습니다 ~♡

언제든 오세요.

Come on~

Bye Bye ~

네, 네~ 그럼, 전 이만… 별자리점 보러가야 해서요.

개구리와
대학원생

03

공대 대학원생이 실험실로 가는 길에
길섶에서 개구리 한 마리가 튀어나왔다.

아우,
식겁했네!

학생은 깜짝 놀랐지만, 옆에 있는
연못에서 나왔겠거니 하고는 가던 길을
가려고 했다. 그런데……

이보요~
당신이 제게
키스를 하면
저는 아름다운
공주로
변할 거예요.

개구리가 학생을 부르며
말을 하는 게 아닌가?

학생은 이 말을 듣고 몸을 굽혀 개구리를 집어들고는

주머니에 집어넣었다.

그러자 개구리는 다급하게 다시 말했다.

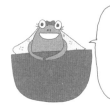

저, 저기요.
당신이 제게 키스해주시면
저는 아름다운 공주로 변해요.
그리고 당신과 일주일을
함께 지내겠어요.

개구리와 대학원생

그 말을 들은 대학원생은
주머니에서 개구리를 꺼내들고는
싱긋 웃은 다음, 다시 주머니에
조심스레 집어넣었다.

그러자 개구리가 소리쳤다.

아니, 도대체 뭐가 문제죠?
내가 원래는 아름다운 공주라고
말했고, 당신과 함께 살면서
당신이 원하는 건 뭐든지
해주겠다고 했어요. 그런데
어째서 나한테 키스를 해주지
않는 거예요?

학생이 대답했다.

이봐요.
난 공대 대학원생이에요.
여자친구 사귈 시간이 없단
말이죠. 그러니 말하는 개구리를
곁에 두는 편이 나아요.

＊　　　＊　　　＊

시간이 없어서일까?
숫기가 없어서일까?
여러가지 이유로
과학계에는 여자를 피하는
과학자들이 많았는데….

안녕? 나 알지?
나 모르면 간첩…
아, 아니 간첩도
날 알겠다.

아이작 뉴턴

세상 모든 물체가 서로를 끌어당긴다는
'만유인력의 법칙'의 발견자.

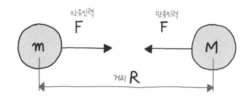

$$F = G \frac{mM}{R^2}$$

(G : 중력상수)

만유인력의 법칙은
잘 아시죠?

그걸 모르는 개구리도 있나?
하지만 말해 봐. 들어는 줄게.

모르시는 듯…

만유인력은 우주의 모든 물체 사이에 작용

돌이 나를 당기는 것 같은 느낌적 느낌이 들어. 내가 너무 예민한 걸까?

그러니까 당연히 머나먼 우주에 있는 천체에도 작용함

안드로메다 은하

우린 비록 200만 광년이나 떨어져 있지만, 서로를 끌어당기고 있어요.

다만 끌어당기는 힘이 상대에게 가닿는 시간이 200만 년 걸린다는 게 함정.

만유인력의 발견 덕분에 뉴턴은
이 법칙의 이름대로 이후 몇백 년 동안
세상의 모든 이목을 끌어당겼다.

케임브리지 대학의
루커스 석좌교수가 되었고

조폐국장 자리에도
올랐으며

죽어서는
웨스트민스터 사원에
안장됐고

'가장 존경하는 과학자'
투표에서 부동의 1위를
지키고 있다.

그러나

이런 뉴턴이 조금도 당기지 못한 것이
있었으니, 그것은 바로 … 여자였다.

과학계 최고 모솔로
(모태솔로)
추앙받는 뉴턴.

뭐든 최고이싱!

어느 날, 뉴턴은 친구의 부탁으로 억지 소개팅을 했다.

이 소개팅의 결과는?

뉴턴은 여자를 소개해준
친구에게 절교를 선언했다.

* 둘은 몇 년 후 화해하고, 관계를 회복했다.

하지만 이 모솔계 지존의 마음을 사로잡은 이가 있었으니

함께 사는 고양이, 아이캣 뉴턴이었다!

이름은 지금 지어낸 거야옹.
딴지 걸기 있긔 없긔?

뉴턴은 아이캣을 무척이나 예뻐해서 아이캣이
집 안팎을 쉽게 드나들 수 있도록 문에 구멍을 냈다.

문이
맘에
드세요?

그리고 세월이 흘러 아이캣에게 새끼가
생기자 뉴턴은 새끼들을 위해 큰 구멍 옆에
작은 구멍을 하나 더 뚫어주었다.

74

새끼가 다니는 구멍은 왜 만든 거야? 어미가 드나드는 구멍을 같이 쓰면 되는데…

헉, 진짜자네

애정이라고는 눈곱만큼도 없어 보이는 뉴턴. 하지만 고양이에게는 한없이 자상했다.

사람은 혼자서는 살 수 없는 동물이다옹~

헝가리 출신 천재 수학자
에르되시 팔

너, 지금
내 이름 가지고
무슨 말 하고 싶지?
다 안다.

2 x 9 = 시팔

에르되시는 약 1500편의 논문을 남겼는데,
수학 역사상 에르되시보다 저술을 더 많이
한 사람은 딱 하나, 오일러뿐이다.

기억난다,
오일러의 공식!

이름만
...

에르되시는 수학 외의 것에는 전혀 관심이 없었던 괴짜로도
유명하다. 작은 가방에 옷 몇 벌과 수학 노트만을 가진 채,
수학자들의 집에 머물며 집 주인과 함께 연구하고 논문을
완성하면 다음 수학자를 찾아 나섰다.

이와 관련해 에르되시가 남긴 유명한 말이 있다.

다른 지붕 다른 증명
Another roof, another proof.

논문 쓰기가 가장 쉬웠어요.

많은 사람들과 공동으로 연구를 하다보니, 논문도 대다수가 공동논문이었다. 그래서 웬만한 수학자들은 두서너 단계만 거치면 에르되시와 연결되었는데, 이를 정리한 것이 '에르되시 수'이다.

에르되시 수란?

에르되시 본인은 '에르되시 수 0',
에르되시와 공동논문을
저술한 사람은 '에르되시 수 1',
에르되시 수 1인 사람과
공동저술을 한 사람은 '에르되시 수 2',
이 사람과 함께 저술을 하면
에르되시 수 3이 된다.

에르되시 수 ∞ 정모
(못찾네)

이처럼 수많은 사람과
연결되어 협력 연구의
모범이 된 에르되시.

하지만 그와 연결된 수많은 사람 중에
여자는 단 한 명도 없었으니……
그는 평생 독신이었다.

교류 전기모터, 라디오, 리모컨 등 혁신적인 발명으로 유명한

니콜라 테슬라

훗!

니콜라 테슬라 1856~1943

머리 쫗고 잘생기고,
옷도 잘 입고, 키도 크고,
8개국어나 하고 …
엄친아였던 테슬라.
하지만 이빨도 모솔.

테슬라 님은
발명의 귀재잖아요.
그럼 로봇 애인
같은 거 만들지
그러셨어요?

그런 거
필요 없었어.
내 사랑은
따로 있었으니까.

테슬라는 한 비둘기에 꽂혀 이런 말을 남겼다.

"내가 어디에 있건 그 비둘기는 나를 찾아냈소.
나는 그녀를 잘 알았고, 그녀도 나를 잘 이해했소.
나는 그녀를 사랑했다오.
내 곁에 그녀가 있는 한 적어도 내 삶에는
한 가지 목적이 있었던 거요."

뽀뽀!

응,
나도 사랑해

✷   ✶   ✶

지금 소개한 과학자들과는 달리 바람둥이 과학자도 꽤 있었다.
그중 가장 걸출한 바람둥이는 단연 '슈뢰딩거의 고양이'로 유명한
1933년 노벨 물리학상 수상자, 에르빈 슈뢰딩거!!

슈뢰딩거는 결혼을 하고서도 숱한 염문을 뿌리고 다녔는데,
아내와 사는 집에 애인을 데리고 와 함께 살기도 하고
친구 아내와 바람을 피워 딸을 낳기도 했다. 노벨 물리학상을
안겨준 파동 방정식도 애인과 스위스에서 2주간 밀회를
즐길 때 완성되었다.

재미있는 건, 슈뢰딩거의 이런
사생활과 그가 연구한 양자역학의
세계가 (파동 방정식도 양자역학에 속함)
비슷한 면이 있다는 것!

어떻게
비슷한지
궁금하시죠?
지금부터
알려드릴게요.

아유,
그만혀~

슈뢰딩거의 파동방정식이 적용되는 전자 등은 입자뿐 아니라 '파동의 성질'을 함께 갖는다. 그럼, 입자와 파동의 성질에 대해 간단히 알아보자면…

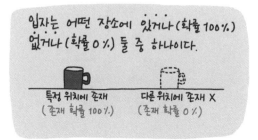

입자는 어떤 장소에 있거나(확률 100%) 없거나(확률 0%) 둘 중 하나이다.

특정 위치에 존재
(존재 확률 100%)

다른 위치에 존재 X
(존재 확률 0%)

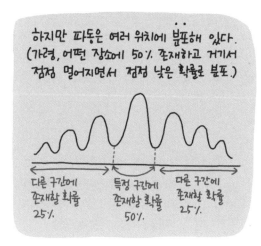

하지만 파동은 여러 위치에 분포해 있다.
(가령, 어떤 장소에 50% 존재하고 거기서 점점 멀어지면서 점점 낮은 확률로 분포.)

다른 구간에
존재할 확률
25%

특정 구간에
존재할 확률
50%

다른 구간에
존재할 확률
25%

그러니까 다시 슈뢰딩거로 비유하자면, 파동은 슈뢰딩거의 여자, 입자는 결혼한 보통 남자의 여자(부인)의 성질을 띠고 있다고 할 수 있어요.

입자 = 결혼한 보통 남자의 여자

결혼한 남성의 경우, 일반적으로
자기 가정 안에 부인이 있고 (확률 100%)
가정 밖에는 부인이 없음 (확률 0%)

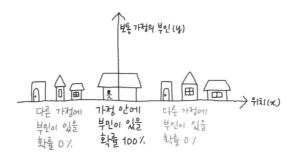

보통 가정의 부인 (y)

위치 (x)

다른 가정에   가정 안에   다른 가정에
부인이 있을   부인이 있을   부인이 있을
확률 0%   확률 100%   확률 0%

파동 = 슈뢰딩거의 여자

슈뢰딩거는 자기 가정뿐 아니라 세계 곳곳에 만나는
여자가 존재. 따라서 슈뢰딩거의 여자들은 슈뢰딩거가
세상에 내놓은 파동 방정식의 대상인 전자처럼
입자가 아니라 파동의 형태를 띠고 여러 곳에
분포해 있음.

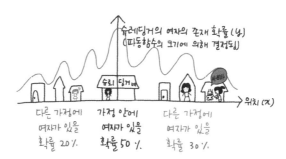

슈레딩거의 여자의 존재 확률 (y)
(파동함수의 크기에 의해 결정됨)

위치 (x)

다른 가정에   가정 안에   다른 가정에
여자가 있을   여자가 있을   여자가 있을
확률 20%   확률 50%   확률 30%

개구리와 대학원생

가수는 자기가 부르는 노래대로 산다는데,
과학자도 자기가 발견한 이론대로
사는 걸까요?

보어의
말발굽

04

과학자의 비과학성

야이, 똥멍청이들아.
1922년 원자의 양자론으로
노벨 물리학상을 받은 덴마크의
물리학자 '닐스 보어'님 말이다.

보어의 말발굽

양자역학을 해석하는
정통학설인 코펜하겐 학설의
대부로서 양자역학 논쟁에서
아인슈타인을 완전히 눌러버린

닐스
보어

「닐스의 모험」은
아는데……

안녕하시렵니까?
닐스입니다

긁적
긁적

워연~
주어, 목적어,
서술어도 아니고,
보어가 아인슈타인을
완전히 눌러버렸다고?

보어의 집에 온 손님이 현관에
매달린 편자(말발굽)를 발견했대.

야, 너네 정말
너무 심한 거 아니니?
이 정도로 과알못이야?
안 되겠다. 내가 좀 더
노력하는 수밖에….
자. 잘들어. 과학자들의
이야기를 들려줄게.

과학적인
주변 지식만
아는 잼잼이.

프랜시스 베이컨이
과학 발전 운동을
펼친 이유는?

근대 경험론의 선구자로 관찰과 실험에 기초를 둔
귀납법을 확립. 근대 과학의 방법론에 큰 영향을 준
영국의 과학자이자 철학자, 프랜시스 베이컨.

'아는 것이 힘이다'
이 말 다 아시죠?
제가 한 겁니다.
경험주의자답죠?

프랜시스 베이컨이 과학 발전 계획인
'위대한 부흥'을 추진한 까닭은···

종말론을 믿었기
때문입니다.

보어의 말발굽

저도 고3 때, 입시 때문에 힘들어서 종말이 오기를 바랐어요. 그런데 베이컨 님은 엄청 똑똑하시면서 왜요?

독실한 칼뱅교 신자였던 베이컨은
세상의 종말을 좋은 일로 여겼다.

종말이 오면 신자들이 축복 받은 상태에서 영원히 행복할 테니까요.

하 하 하 하

칼뱅교도였던 베이컨은 성경(다니엘서)에 나오는

"마지막 때가 오기 전에 많은 이들이 이리저리 오가고

학문이 발전"한다는 내용에 착안.

"많은 이들이 이리저리 오가고"는 신대륙 발견으로 이미 성취되었다고 판단했어요. 따라서 "학문이 발전"해야 종말이 온다고 생각했어요.

왠지 그럴듯해…

뉴턴은 과학자인 동시에 연금술사이자 성경 연구가?

근대 과학 혁명의 원동력이자 인류 역사상
가장 위대한 과학자로 꼽히는 뉴턴.

안녕하세염? 케임브리지
대학교 루커스 석좌교수 &
하원의원 & 조폐국 감사 &
조폐 국장 & 왕립학회 회장
아이작 뉴턴입니다.

아이작 뉴턴 1642~1727

루커스 석좌교수가 뭐냐고요?
여러분이 잘 아시는 스티븐 호킹, 폴 디랙도 거쳐간
영국 물리학자들에게는 가장 영예로운 직위죠.

사후 300년 가까이 된 지금까지도 인류 역사상 가장
위대한 과학자로 손꼽히는 뉴턴. 하지만 과학 연구는
연구 경력 초중기에 해당하고,

보어의 말발굽

그럼 나머지 중후반기에는 뭘 연구했지?

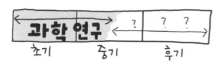

과학 연구 ← ? | ? ?

초기　　　중기　　　후기

중후반기에는 연금술과 성경 연구에 매진했습니다.

형...

뉴턴이 성경 연구 (정확하게는 성경에 나오는 숫자를 연구하는 성경 수비학)에 몰두한 까닭은 최후의 심판 날짜를 예측하기 위해서였다.

연금술은 구리나 납, 주석과 같은 비금속을
금, 은과 같은 귀금속으로 만드는 화학 기술로
연금술의 가장 큰 관심사는 납을 금으로
만드는 것과 ⋯⋯⋯⋯⋯⋯⋯⋯⋯

"것과⋯?"
아니, 이것만으로도
충분히 이상한데!
뭐가 또 있다고요?

'현자의 돌'을
만드는 것이었습니다.
현자의 돌은 비금속을 금으로
바꿀 수 있는 능력을 지닌
물질로 연금술을 완성하는데
꼭 필요한 겁니다.

헐⋯

연금술에 심취했던 뉴턴은
현자의 돌을 만들기 위해
많은 연구를 했으며, 그 기록을
여러 권의 책으로 남겼다.

연금술의 연구 내용이 집약된 뉴턴의 노트를
1930년대에 경매에서 낙찰 받은 영국의
경제학자 케인스는 이렇게 말했다.

뉴턴은 이성의 시대를 연
최초의 인물이라기보다는
최후의 마법사였다.

한편!

프랑스의 수학자이자 물리학자,
근대 철학의 아버지이자
해석 기하학의 창시자 르네 데카르트!

르네 데카르트 1596~1650

"나는 생각한다.
고로 나는 존재한다."
Cogito ergo sum
요거 제가 한 말입니다.

데카르트는 가장 확실하고 의심할 여지가 없는
진리를 찾고자 했다. 그래서

진리가 아닌 것들을
소거하는 겁니다.
자세한 방법은 제 책
『방법서설』에 있어요.
서점으로 고고!

보어의 말발굽

데카르트는 확실한 진리를 찾기 위해 감정이나
불확실하다고 생각되는 감각도 배제했다.

기쁨, 슬픔과 같은 감정,
시각, 청각과 같은 감각도
반드시 맞는 것이라고
확신할 수 없으니까요.

데카르트는 자신이 느끼는 감정이나 감각이
진짜일까 끊임없이 의심해야 한다고 생각했다.
계속 그렇게 의심하고 의심하고 의심하다 보면

나는 지금 나의 감정, 감각 그리고
이 세계가 실제로 존재하는지
의심합니다. 하지만 내가 그렇게
의심하는 생각 자체가 있다는
것을 부정할 수는 없습니다.

그렇게 해서 나온 말이

"나는 생각한다
고로 나는 존재한다"

이렇게 의심하고, 의심하고, 또 의심하고
거듭 의심하는 프로 의심러 데카르트.
이 천재는 당시 떠돌던 어떤 소문에 대해
과학적으로 자세히 설명했는데, 그 소문이란···

말하지 마!!
하지 말라고!!

시른데엽~

그 소문이란?

어떤 이가
살해당했을 때

살인자가
피해자의 몸에
가까이 가면

죽은 피해자가
살인자의 몸에
피를 뿜어 살인자를
확인시켜 준다는 것!

야이,
살인자
놈아!

그러면 정말
좋겠습니다.

에디슨 말년의
발명품은?

1920년 4월 어느 날, 에디슨이 선언했다.

토머스 에디슨 1847~1931

죽은 자와 대화를
나눌 수 있는
심령 전화기를
개발하고 있습니다.

그러나 에디슨 사망 전까지
심령 전화기는 발명되지 않았다.

여보떼요?
여보떼요~?

보어의 말발굽

테슬라의 발명품은?

에디슨이 나왔으니 테슬라가 빠질 수 없징~

발명과 특허, 이론 작업을 통해 현대 교류전기의 근간을 마련한 탁월한 천재 과학자, 테슬라.

니콜라 테슬라 1856~1943

제가 발명가이기도 하잖아요? 이번에 기~가~ 먹히는 걸 발명했는데 말이죠.

지구를 통째로 날릴 수 있습니다

테슬라는 한때, 화성에서 보내온 무선신호를 받고서 '죽음의 광선' 무기를 발명했다고 주장했다.

하지만 이 기계는 존재하지 않았던지 아니면 작동하지 않았다.

왜 작동하질 않니. 어째 운수가 좋더니만......

테청지

이렇게 유명한 과학자들도
이랬다는 거 아니니. 그러니까
별자리 운세도 그저 미신이나
비합리적인 일로 치부하기엔
어쩌고 저쩌고 오블라디 오블라다~

나불나불~

여보떼요~?

안녕하세요, 잼잼 작가님?
함께 일하고 싶어서 연락드렸어요.

연락 주셔서 감사해요.
계약은 11일 이후에 하고 싶어요.

11일요?

네, 11일 이후에요. 8일까지 수성이 역행하는 때라 그래요. 9일부터 순행하기 시작하는데, 그게… 이삼 일쯤 지나야 역행의 영향에서 완전히 벗어나거든요. 안전하게 11일 이후가 좋을 것 같아요.

아… 네… 알겠습니다.

정상이 아닌 것 같아…

파동 제국의
전쟁

05

파동이란 무엇인가?

1904년 노벨생리의학상 수상자인 러시아의
심리학자이자 생리학자, 이반 페트로비치 파블로프.
파블로프가 혼자 술집에 갔다.

파블로프가 자리에 앉아 한 잔 들이키려는데
전화벨이 울린다.

그러자 파블로프가 화들짝 놀라며 말한다.

그 모습을 지켜보던 잼잼이도 경악하고…

은아악

피보다
귀한 술!

그나저나 …
예전부터 궁금했는데,
소리는 어떻게
전파되지?

왈!

뭐여?
파블로프네
개던가?

잼잼아.
소리는
파동이야

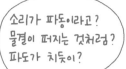

소리가 파동이라고?
물결이 퍼지는 것처럼?
파도가 치듯이?

응, 그런 것처럼 소리는
파동이야. 파동은 우리 주변에
흔해. 휴대전화도 파동의
한 종류인 전자기파로 작동해.
빛도 전자기파니까 파동이야.

전자레인지에서
음식을 데우는 데
쓰는 마이크로파도
전자기파의 일종이니
역시 파동이야.

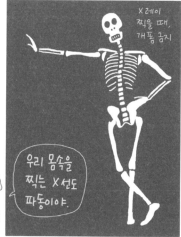

X레이
찍을 때,
개 똥 금지

우리 몸속을
찍는 X선도
파동이야.

우아,
그런 게 다
파동이구나.

파동은 정말
우리 생활에
많이 쓰이지!

수백 년 동안 파동 제국이 온 세상을 평화롭게 통치하고 있었다. 그러던 어느 날, 황제가 의문의 죽음을 맞이하고, 파동 제국은 정파正派와 사파邪派로 나뉘어 대혼란에 휩싸인다.

정파와 사파의 대결은 날로 치열해져 가고, 이들은 드디어 제국의 운명을 놓고 최후의 결전을 벌이는데…

방금 말한 내용을
모아서 발사-!

야, 정신 차려!

펙
펙

야, 회비 안 받을 테니
그만 싸우고, 가자!

이제, 내가 반격할 차례다!
나는 파동의 용어로 공격해주마!

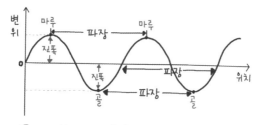

파동이 아래와 같은 모양으로 진행할 때,

파동의 변위가 가장 높은 곳을 '마루'라고 하고,
변위가 가장 낮은 곳을 '골'이라고 하지.
같은 위상을 가진 서로 이웃한 두 점 사이의 거리를
'파장'이라 하고, 진동의 중심(o)에서 마루 또는
골까지의 거리를 '진폭'이라고 해.

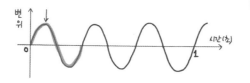

한편, 파동이 시간에 따라 진행할 때
한 파장이 진행하는 동안 매질은 한 번 진동

매질의 한 점이 1초 동안 진동하는 횟수를
'진동수' 또는 '주파수'라고 해. 단위는 헤르츠 Hz !
이 그래프엔 1초 동안 3개의 파장이 진행하므로
진동수 3Hz !

#Round2

교활한 사파놈,
제법이군. 하지만
다음 공격은 견디기
힘들 거다!!

자, 두 번째 공격을 시작하겠다.
이번엔 파동의 종류다!
파동은 구분 방법에 따라 여러 종류가
있을 수 있지만, 매질의 운동방향과
파동의 진행방향에 따라 '종파'와
'횡파'로 구분할 수 있지!

횡파는 매질의 운동방향과
파동의 진행방향이 '수직'이야.

물이 든 욕조에 종이배를 띄워놓고
돌멩이를 퐁! 떨어뜨리면

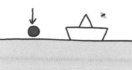

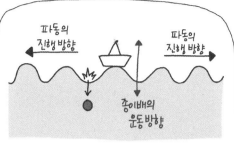

매질인 물이 위아래로 움직이니 종이배는
수직으로 운동하고 물결, 즉 파동은 수평 방향으로
퍼져나가지. 이런 횡파에는 수면파와
지진파 중 S파가 있어.

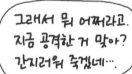

그래서 뭐 어쩌라고.
지금 공격한 거 맞아?
간지러워 죽겠네…

사파,
너 파인애플이냐?

호호호… 방심했군.
이때다!!

경기장 관중들의 파도타기도
관중들이 섰다 앉았다 하며
수직으로 운동하고, 파도는 옆으로
퍼져나가지.
정파의 비기祕技 파도타기 신공!!

오, 제일 앞에 앉아 있던 파가 벌떡 일어섰습니다. 사파는 매우 여유로워 보이는데요. 어…어…??

사파가 맞으면서 그 충격으로 휘청하며 왼쪽으로 이동!! 그러자 기다렸다는 듯 앞에 앉아 있던 정파의 분신이 벌떡 일어섰습니다. 오호---!

사파, 맞으면서 그 힘에 의해
또 왼편으로 이동! 그 앞에 있던
정파의 분신, 역시나 벌떡 일어서더니

아… 언제쯤 끝날까요? 벌써
십만 번째인데요. 이제 조금
지겨워지려고 하네요. 오!!!
말씀드린 순간 끝이 난 모양입니다.
정파의 분신들이 순식간에 사라졌습니다.

 정파는 자신이 설명한 횡파의 특성을 살려
공격을 했군요. 매질인 정파의 분신들은
위아래로 수직으로 움직이고, 파동인 사파는
옆으로 수평 운동을 했으니 말이죠. 캬~~!
싸움 구경을 하는데 왜 공부가 되는 거죠?

방심하더니 꼴 좋다.
이 간악한 사파놈아!

ㅎㅎㅎㅎㅎㅎㅎ
입만 나불댈 줄
아는가 했더니.
정파놈이 제법이군.
이젠 내 차례다!

횡파에 이어
종파 등장!

횡파와 달리 운동방향과 파동의 진행방향이
나란한 파동을 '종파'라고 한다. 그리고 종파에서
매질 간의 간격이 가장 느슨한 곳을 '소한 부분',
가장 빽빽한 곳을 '밀한 부분'이라고 하지!

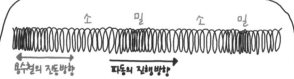

이렇게 용수철의 한쪽에 힘을 가할 때
종파가 생기지. 지진파 중 P파가 종파이고,
소리의 파동인 음파도 이런 식으로 공기 분자들이
진동하는 방향과 나란히 파동이 진행된다.

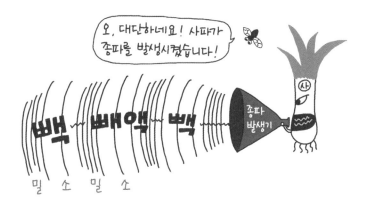

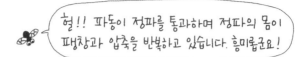

헐!! 파동이 정파를 통과하며 정파의 몸이 팽창과 압축을 반복하고 있습니다. 흥미롭군요!

팽창   압축

팽창   압축   팽창

정말 장관입니다. 압축과 팽창이 십만 번째 계속 되고 있습니다만, 봐도 봐도 질리지 않습니다.

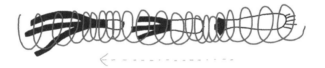

더는 봐주지 않겠다. 이젠 매질이 필요없는 전자기파를 이용해 공격해주마.

오호~

네가 전자기파를 안다고라고라?

알고말고!

야, 너네 말로만 싸우냐?

전자기파는 전기장과 자기장이 서로가 서로를 만들어내며 공간 상으로 퍼져나가는 현상이야. 1864년, 제임스 클럭 맥스웰이 처음 맥스웰 방정식을 이용해 그 존재를 이론적으로 예측했지. 그리고 1887년, 헤르츠가 실험을 통해 처음으로 입증했어.

전자기파는 진동수에 따라 아래와 같은 스펙트럼을 띠지.

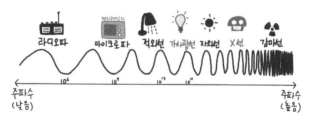

라디오파　마이크로파　적외선　가시광선　자외선　X선　감마선

10^6　10^9　10^{13}　10^{17}

주파수 (낮음)　주파수 (높음)

마이크로파가 가시광선보다 주파수가 훨씬 낮네. 전자레인지가 마이크로파를 이용하는 거니까, 전자레인지는 위험하지 않은 거잖아? 괜히 무서워했어.

맞아! 과학을 알면 지혜가 생기지!

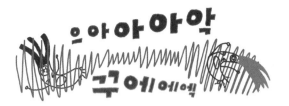

겨울을
따뜻하게 나는 법

06

온도의 과학

여러분은 추울 때,
어떻게 하세요?

난방 텐트를 쓰기도 하고,

고타츠를 준비하기도 하죠.

월동 준비라면 저 역시 일가견이
있어요. 추위를 워낙 많이 타거든요.

저는 국군의 날부터
부처님 오신 날까지
내복을 입어요.

하지만 이제 걱정 없어요.
돈 한 푼 안 드는 아주아주 획기적인
난방법을 알게 되었거든요.

인
터
넷

만
세
!!

그 방법 또한 너무나 간단합니다.

추울 땐
모서리로
가세요.

겨울을 따뜻하게 나는 법

모서리가 더 따뜻하냐고요?

당연하죠!

모서리는

90°니까요.

푸하하하

이렇게 좋은 정보를 나만 알 수는
없지. SNS 친구들에게도 알려줘야징.

낄낄낄…

나는 참
좋은 사람이야.

그새 댓글이
많이 달렸네?

부희령
괜히 읽었다.

괜히 읽었다 2
괜히 읽었다 3
괜히 읽었다 4
⋮
괜히 읽었다 18

써먹을 거면서…

겨울을 따뜻하게 나는 법

이익상
책 모서리로 안 맞아 보셨죠?
거긴 90°가 세 개 모여서
270°나 된대요!

이미 많이 쳐맞…

정재욱 *Jaewook Jeong*
악플 단속 나왔는데 매니저
혼자선 감당이 안 되네요ㅠㅠ

감동

매니저님,
제가 더
잘할게요!

최기영
절대온도 90도면 얼어 죽어요.

절대온도라니
생전 첨 듣는 말이야.
절대반지는 아는데…

134

네, 따뜻함과 차가움은 사람마다, 상황에 따라 다르게 느껴지는 주관적인 감정이죠. 때문에 객관적인 기준을 정해야 할 필요가 있었어요.

그래서 자연현상 중에서 인간의 생활에 중요한 '물이 어는 온도'와 '물이 끓는 온도'를 기준으로 삼아 온도를 정하게 되었지요.

아, 그러니까
물이 얼 때의 온도를 0℃로,
물이 끓을 때의 온도를 100℃로
정한 거군요!

네, 그런 다음 0℃와 100℃ 사이를 100등분 해서 1℃에서 100℃까지 나눈 거예요. 18세기 후반에 스웨덴의 셀시우스Celcius가 고안한 온도 체계여서 ℃라고 표시해요. '섭씨온도'라는 뜻이죠.

그거 알아요? ℃ 말고 ℉라는 것도 있는 거?

오, 그건 '화씨온도'라는 거예요. 독일의 물리학자 파렌하이트Fahrenheit가 섭씨우스보다 20년쯤 일찍 내놓은 온도 체계죠. 물의 어는 점을 32도로 정하고 끓는 점을 212도로 정한 다음, 그 사이의 온도를 180 등분한 온도 체계예요. 맨 처음 나온 온도 체계이긴 하지만 지금은 미국과 주변 몇몇 나라에서만 사용할 뿐이에요.

어쨌든 섭씨온도나 화씨온도나 물의 어는점과 끓는점을 기준으로 삼아 온도를 정했구나. 뉴턴 같은 천재가 온도에 관한 방정식을 풀었더니 답으로 딱 0℃랑 100℃가 나온 게 아니었어….

나만 몰랐던 거 아니겠지?

이것처럼 과학자들이 어떤 기준을 정한 것이 많은 사람에게 채택되어 과학적 사실로 굳어진 것도 많아요. 마치 선거로 반장을 뽑는 것처럼 기준을 정하는 거죠.

페북 댓글을 보니까 절대온도 90도에서는 얼어 죽는다는데, 90도면 쪄 죽는 거 아니에요?

Nope

그건 섭씨온도일 때고요, 절대온도 90도에서는 꽁꽁 어는 게 맞아요.

물질은 온도가 올라가면 부피가 커집니다. 그러니까 온도가 계속 올라가면 부피도 계속 커지겠죠.

울어라 황금종아

THE 혹

문제 2

그렇다면 온도가 계속 내려간다면 어떻게 될까요?

뭘까? 이 뜬금 없는 설정. 설마 칠판에다 답 써서 드나?

설마가 댕꼬 잡네.

부피가 계속 작아진다.

겨울을 따뜻하게 나는 법

141

딩동댕동

그러면 어디까지 작아질까요?

질문은 내가 했는데

자꾸 나한테 물고... 내가 답하고...

♥사현

부피가 없어질 때까지

맞아요. 이론적으로 부피가 0이 될 때까지 온도가 내려갈 수 있겠죠. 그렇게 물질의 부피가 0이 되는 온도를 절대온도 0도라고 해요.

윌리엄 켈빈 1824~1907

안녕하세요? 켈빈(Kelvin) 남작입니다. 제가 1848년, 절대온도 개념을 처음 도입하였죠. 그래서 절대온도의 단위가 제 이름의 앞자를 따서 K입니다.

절대온도 0도는 섭씨로 -273.15°C예요.
그러니까 섭씨로는 0°C가 물의 어는점이고
절대온도로는 273.15K가 어는점이고요. 끓는점은
섭씨로는 100°C, 절대온도로는 373K예요.

그러니까 정리하면
절대온도(K) = 섭씨온도(°C) + 273.15

그러면 온도는 최소값은 있고,
최대값은 없는 거네요?
부피가 계속 작아지다 사라지는
지점은 있지만, 커지는 건
무한하게 커질 수 있으니까요.

내 얘기잖아?

나 요즘 무한히
커지는 중!
최대값이 없다~

역적을
찾아라

07

엔트로피란 무엇인가?

제가 두 가지 경우를 제시할 테니 어느 게 더 생기기 쉬운 상황인지 맞혀보세요.

교실에 남학생 열 명과
여학생 열 명이 있어요.

X10명

X10명

이들에게 아무 자리나 마음에 드는 데
앉으라고 했을 때, 남학생과 여학생이
서로 완전히 구별되게 앉을 수도 있고,

구분 없이 섞여 앉는 경우도 있겠죠.

어느 경우가 더
생기기 쉬운
상황일까요?

그야 당연히
섞여 앉는 경우죠.
문제 너무 쉬운 거 아념요?

맞아요. 그런데 왜
섞여 앉는 경우가
더 흔할까요?

경우의 수가 더 많기 때문이에요.
남학생과 여학생이 완전히
구별되게 앉는 방법을 단순하게
생각해 보자면 이래요.

남학생들이 전부 교실의 왼쪽이나 오른쪽에
세로 줄로 앉거나, 앞이나 뒤에 가로줄로
앉고, 여학생은 전부 그 반대편에 앉는 경우.
이렇게 네 가지 경우뿐이죠.

반면, 남학생과 여학생이
섞여 앉는 방법은 아주 많아요.

흐음…

경우의 수가
작으면

발생 확률이
낮고

경우의 수가
크면

발생 화률이
높으니까

당연히 화률이 높은 상황이
발생하기 쉬운 거죠.

아, 그냥 당연히 그런 줄만 알았는데….
경우의 수가 많은, 그러니까 화률이 높은
상황이라 발생하기 쉬운 거였어!

아 - 하 - -

저기를 봐요. 은행잎들이 가지에서
떨어질 때, 전부 한 지점에 모이는
상황과 여기저기 아무렇게나 흩어져
있는 상황 중 어느 것이 더 생기기 쉬울까요?

은행잎이 멸어져 한 지점에 모이는 상황은 경우의 수가 하나뿐이고, 여기저기 흩어져버리는 상황은 무한히 많은 경우의 수가 있으니 당연히 두 번째 상황이 생기기 쉽죠!

정답!

그래서 만약 낙엽들을 처음에 질서 정연하게 배치해 놓았다고 하면,

시간이 갈수록 잎들이 흐트러지는 방향으로 가게 돼요.

그게 경우의 수가 더 많아서 발생 확률이 높으니까요. 아까 교실의 경우도 마찬가지고요.

이럴게요?

그런데 그게 엔트로피랑 무슨 상관이에요? 엔트로피는 열역학 법칙이 어떻고, 분자가 어떻고… 뭐 그런 거 아니에요?

급하시기는~ 이제 물리학의 엔트로피 개념으로 들어갈 준비가 된 거예요.

물이 든 용기 안에 잉크를 떨어트려요. 그럼 잉크가 차츰 물속으로 퍼지면서 물이 잉크색으로 짙어지겠죠. 어째서 그럴까요?

용기 속에 물과 잉크가 서로
분리되어 있는 상황은
경우의 수가 적잖아요.

그러니 경우의 수가
많은 상황 쪽으로
물과 잉크 분자들이
운동하는 거죠.

맞아요. 그렇게 되지 않으면
물과 잉크는 섞이지 않고
영원히 분리되고 말겠죠.

이처럼 자연 현상의 방향이 질서 있는
쪽에서 무질서한 쪽으로,

경우의 수(정확히는 '계의 미시 상태의 수')가
적은 쪽에서 많은 쪽으로

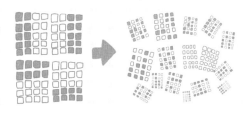

일어나는 경향을 나타내는 물리학 개념이
바로 '엔트로피'예요.

외부에서 열이 공급되지 않는 계,
그러니까 이런 걸 '고립계'라
하는데요.

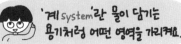

'계 system'란 물이 담기는
용기처럼 어떤 영역을 가리켜요.

이러한
고립계의 경우, 그 계 안의 엔트로피가
감소하지 않고 증가하는 걸 가리켜
'열역학 제2법칙'이라고 해요.

참고로 열역학 제1법칙은
에너지 보존의 법칙!

이 우주 전체는 외부 자체가 존재하지
않기 때문에 고립계예요. 따라서
이 우주의 엔트로피는 시간에 따라
언제나 증가해요.

오, 그런 거구나! 그런데 뭔가
신기한 게요. 자연현상뿐 아니라
사회현상에도 엔트로피와 비슷한
것이 있거든요.

어떤?

또 무슨 이상한
말을 하려고...

가령, 사회의 빈부격차가 심해지면
영원히 그 격차가 심해지기만 하는
것이 아니라 빈부격차를 줄이는 방향으로
사회가 흘러가잖아요.

맞아요. 물리계에서 정의된 엔트로피 개념을 경제계에 유추해서 적용하면, 빈부격차가 심한 상황은 엔트로피가 낮은 상태이고, 사회 구성원들에게 부가 균등하게 분포된 상황은 엔트로피가 높은 상태죠.

인종차별 해소나 민주주의 확산도 이와 비슷한 관점에서 볼 수 있고요.

정말, 엔트로피를 배우고 나니 이 세상이 그냥 마구 흘러가는 것이 아니라 어떤 큰 방향을 갖고 진행되고 있다는 느낌이 드는 게 왠지 안심이 된달까요?

그런 지적인 통찰과 정서적인 위안을 함께 주는 게 과학의 진짜 쓸모 아닐까요?

공감 백배

✳   ✳   ✳

역적을 찾아라

좋은 아침입니다.

무한대 상사

김 부장 (52세)

⇒ 잼잼이네 팀장. 상꼰대.
자기 지시대로 하라고 하고선
일이 잘못되면 직원 탓 오지게 한다.
자기 라인 아니면 무자비하게
괴롭히며 편가르기가 주업무.

잼잼 (32세)

⇒ 무한대 상사 영업팀 대리.
책상 밑에 벽돌을 쌓아놓고
지낸다. 호두를 깔 때 쓰거나
문진으로 사용한다고 하지만
그것은 표면적 이유일 뿐…

햐~ 세상 좋아졌다.
9시까지 출근이라고
진짜 9시에 오네.
우리 때는 후배가 선배
책상도 닦아놓고 커피도
타놓고, 재떨이까지
싸악 닦아놨거든.

그때가
좋았지.

회의
갔다
올게.

나 없다고
빼찡거리지
말고~!

예 예 예 예 예

9시 땡출근 해서는
커피 마시고,
담배 피고,
잡담하고…
일은 언제해?

으이구~

그러면
일은 누가 하고
소는 누가 키…
으아악~

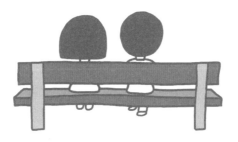

단두대와
세 남자

08

라부아지에와 화학혁명

수도사와 변호사, 과학자가
반역죄로 처형당하게 되었다.

먼저, 수도사가 단두대에 엎드렸다.

그러자
사형 집행인이
단두대의 칼에
연결된 줄을 끊었다.

그러나

어찌된 일인지 칼은 떨어지지 않고
그 자리에 그대로 달려 있었다.

봤지?

이 모든 게
신의 뜻입니다.

수도사는 신의 뜻이라고
항변하여 풀려났다.

다음은 변호사 차례.
하지만 이번에도 칼은 떨어지지 않았다.

이미 사형은 집행된 것입니다.
같은 죄로 두번 처벌할 수 없다는
일사부재리의 원칙, 아시죠?
이 경우도 그처럼 같은 죄로 두 번
사형을 집행할 수 없는 거 아닌가요?

변호사 역시 사형을 면했다.

마지막으로 과학자가 단두대에 올랐다.

과학자는 힐끗 단두대 위를 올려다보았다.

그러고는 활짝 웃으며 소리쳤다.

*   *   *

이 과학자를
살려, 죽여??

앙투안 라부아지에 편

18세기 프랑스에 '앙투안 라부아지에'라는
문제적 인물이 살았습니다.

라부아지에가 사랑이 철철 넘치는
눈빛으로 아내를 바라봅니다.
라부아지에는 스무여덟 나이에 열세 살의
마리와 결혼하였습니다.

174

총명한 눈빛이며 실험 기구들을 보니,
훌륭한 과학자라는 느낌도 물씬 풍기고요.
집도 아주 부유해 보이고, 사람도 부티가
줄줄 납니다.

세상을 다 가진 듯한 사람,
앙투안 라부아지에.

그런데 왜!!!

이 사람이 문제적
과학자라는 걸까요?

여러분의 궁금증을 풀어드리고자
오로지 진실된 마음으로 준비한
<이 과학자를 살려, 죽여??>
라부아지에 편을 시작합니다.

🧑 빵꾸 : 와, 궁금해요 ~~
🐱 똥꾸 : 빨리요! 현기증 난단 말이에요.
🐹 망고 : 사나요, 죽나요? 궁금해 죽겠네, 정말.
🍠 고구마 : 거참, 성질 급한 사람 많네. 보면 다 나온다.
⭐ 다이어트 시작 : 고구마 10개 먹으며 보고 있어요.

산소(oxygen)의 명명자, 라부아지에

176

단두대와 세 남자

'산소의 발견자'로 라부아지에를 많이 거론하죠. 하지만 공식적으로 산소의 발견자로 인정 받는 사람은 영국의 과학자, 조지프 프리스틀리입니다.

Hello~

조지프 프리스틀리(1733~1804)

영국의 화학자, 성직자, 신학자 교육학자, 정치학자, 자연철학자, 산소의 발견자이며, 산소뿐 아니라 암모니아, 이산화황, 질소, 이산화탄소, 사플루오르화 규소 등을 발견했다.

그런데 프리스틀리는 당시의 주류 연소 이론인 '플로지스톤 이론'이라는 걸 신봉했습니다.

플로지스톤 이론이란?
가연성물질들은 모두 플로지스톤을 포함하고 있는데, 이 물질들이 탈 때 플로지스톤이 빠져나오면서 연소가 일어나는 것이다.

단두대와 세 남자

하지만 오늘날 우리가 알고 있듯이,
연소는 물질에서 무언가가 빠져나가는 게
아니라 무언가가 들어가서 (결합해서)
발생하는 것이에요.

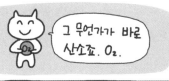

그 무언가가 바로
산소죠. O_2.

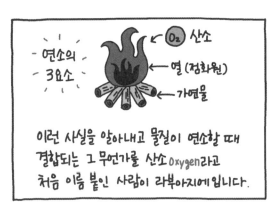

이런 사실을 알아내고 물질이 연소할 때
결합되는 그 무언가를 산소 Oxygen라고
처음 이름 붙인 사람이 라부아지에입니다.

질량보존의 법칙

라부아지에는 화학에서 중요한 법칙인 '질량보존의 법칙'을 정립하는 데 크게 이바지했습니다.

화학 반응을 하기 전 물질들의 총 질량이 반응 후 화학 물질의 총 질량과 같다는 법칙이죠.

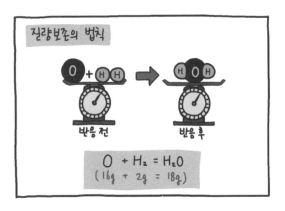

질량보존의 법칙

$$O + H_2 = H_2O$$
$$(16g + 2g = 18g)$$

반응 전   반응 후

당연한 거 아냐?

이렇게 당연한 것이 뭔 법칙인가 싶죠?

지금 우리에겐 뻔하지만 당시에는 그렇지 않았어요.

이 법칙을 정립하는 데에는 맨 처음 그림에 나왔던 실험장치가 중요한 역할을 했지요.

요거!

즉, 실험 장치로 정확한 측정을 함으로써
화학 반응을 정량적으로 다룰 수 있었던 거죠.
그럼, 그 전에는 어떻게 했냐고요?

눈 짐작으로 대~충
때려 맞추는 식이었죠.

화학에서 정량은 매우
중요하답니다. 그런데 정량은
화학뿐 아니라 몸매 관리에도
무척 중요한 개념이에요.

그러게. 헤헤…
고작 몇 달 정량
안 지켰다고 이러냐.

그래도
난 예뻐~

라부아지에가 알아낸 두 가지,
연소 현상이 물질과 산소의 결합에서
생긴다는 연소 이론과 정확한 측정 덕에
알아낸 질량보존의 법칙은
'화학혁명'을
촉발시킵니다.

대단하지?

그 전에 화학은 연금술과 비슷한 점이 많았고, 정량적이지 않았습니다.

세킷 세킷~

그까이꺼 대에충 때려 넣어.

아이고, 영감님. 그렇게 하시면 안 돼요~ 두꺼비의 눈물 몇 방울 넣으실 건데?

그냥… 쪼끔……

기존의 화학을 뒤집는 데 라부아지에가 큰 역할을 했죠. 이후로 화학은 급격히 발전하여 현대 화학 문명이 펼쳐집니다.

덤으로, 오늘날 우리가 쓰는 미터법을 확립하는
데도 라부아지에가 큰 기여를 했답니다.

연금술, 플로지스톤 이론 등 구세력이 권력을
누리고 있고, 산소 이론, 질량보존의 법칙 등
신진세력이 구세력에 맞섭니다.

둘의 갈등은 점점 깊어져 결국
혁명이 발발하고

구세력은 처참히 몰락하고 맙니다.

아, 그런데 운명의 장난인지 우연인지 화학혁명뿐 아니라 진짜 혁명이 1789년 프랑스에서 일어납니다.

여기서도 '혁' 저기서도 '혁' 혁혁…

난 임중혁 아는데… 빨간소금 출판사 대표.

프랑스 혁명은 구체제의 압제에 신음하던 대중들의 분노가 폭발하여 일어났는데, 당시의 큰 불만 중 하나가 세금 문제였습니다.

세금

세금

당시 프랑스는 정부가 직접 세금을 징수하지 않고 민간인에게 세금 징수 권한을 주었습니다.

옛다, 세금징수 허가증.

단디 거둬!

나는 품위를 지킬랑게.

정부는 책임감을 상실했고, 고액을 주고 세금징수 면허를 산 업자들은 국민들에게 세금을 거둬 일부는 정부에 납입하고, 나머지는 자기들이 가졌습니다. 그러면서 막대한 부를 축적했죠.

채찍

세금 내라고, 빨리!!!

혁명 전의 프랑스는 재정이 파탄 상태였는데, 특권층은 세금을 면제받고 일반 백성들은 세금을 무진장 뜯기고 있었습니다. 그러니 세금징수업자들에게 백성들의 원망이 쏟아졌지요.

억울하면 특권층 하든가.

단두대와 세 남자

라부아지에는 이런 일을 하는 세금징수인 조합의 일원이자 법률가로 일하며 많은 돈을 벌어들였어요. 그러니 혁명이 터지자 목숨이 간당간당했지요.

과학 분야에 위대한 업적을 남겨서 국가 발전에 이바지했으니 한 번만 봐주세요.

유럽 과학계에서 라부아지에를 살리려는 노력이 있었으나, 결국 공포정치가 극심했던 1794년 혁명재판소에서 사형 선고를 받게 됩니다.

우리에겐 과학자가 필요 없다!

이리하여 위대한 과학자이면서 동시에
백성의 원성이 자자했던 세금징수인
라부아지에는 단두대에서 생을 마감합니다.

라부아지에가 처형당했다는 소식을 듣고
프랑스의 수학자 라그랑주는 이런 유명한
말을 남겼다고 합니다.

"라부아지에의 머리를
베는 것은 한순간이지만,
그 두뇌를 길러내는 데는
백 년이 걸릴 것이다"

이 과학자를
살려, 죽여?

라부아지에 편

끝

@ 저승

아니, 뭐야? 저거
내 얘기잖아. 어머,
구독자 수 좀 봐.
내 이야기로 떼돈을
벌고 있네. 로열티 좀
받아야 하는 거 아냐?
세금은 제대로 내고 있어?

최후의 결전이
벌어지다

09

파동 끝까지 파보기

파동 제국의 우두머리였던 정파와
사파가 참혹한 죽음을 맞이하고

이후, 파동 제국은 수많은 지방 실력파의
등장으로 대분열의 시기를 맞이하였다.

심지어…

부추까지 들고 일어나 난을 일으키고…

파 튀기는 대혼란의 시기를 거쳐

파동 제국의 분열은 차츰 수습되고,
이제 마지막까지 남은 두 세력의
최후 결전만이 남아 있었으니…

정파의 아들 정쪽파와 사파의 아들
사쪽파의 대결이었다.

위에서 본 모습

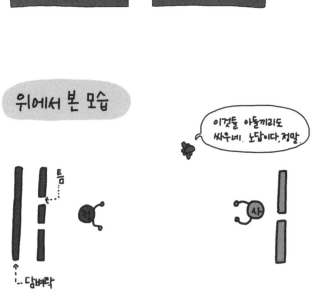

하지만 호기로운 외침과는 달리
정쪽파와 사쪽파의 속마음은….

아니, 아버지의 원수를 꼭 갚아야
하나? 그건 아버지 때 일이잖아.
다른 방법도 있을 텐데…아 싫다.
공격하는 척 좀 하다가 기회 봐서
도망치자. 집에 가서 게임도 하고
웹툰도 봐야징~.

파워충전
레벨

30%

스르륵

사쪽파야,
나의 공격을
받아라!

쪽파끼리 싸우나.
짭짤하지도 않나.

헉, 선수를
놓쳤다!
담벼락 뒤로
도망가고 보자!

최후의 결전이 벌어지다

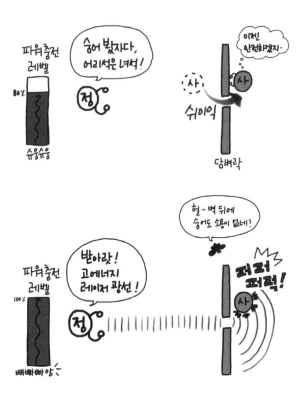

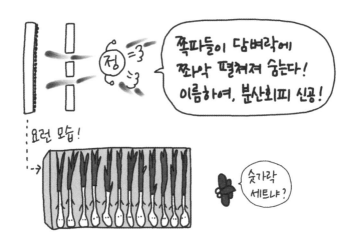

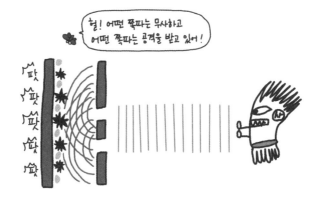

두 파동이 만날 때, 중첩이 일어나는데

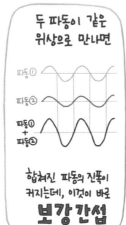

두 파동이 같은 위상으로 만나면

파동① 파동② 파동① + 파동②

합쳐진 파동의 진폭이 커지는데, 이것이 바로 **보강간섭**

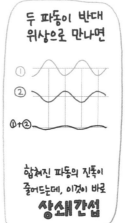

두 파동이 반대 위상으로 만나면

① ② ①+②

합쳐진 파동의 진폭이 줄어드는데, 이것이 바로 **상쇄간섭**

그리고 보강간섭이나 상쇄간섭이 일어날 때, 파동①과 파동②의 진폭이 같으면 !

같으면?

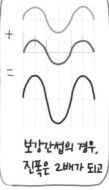

+ =

보강간섭의 경우, 진폭은 2배가 되고

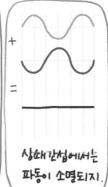

+ =

상쇄간섭에서는 파동이 소멸되지.

거지꼴…

하여간 꼭 당하고 난 다음에 저렇게 말들이 많다니까. 몰골이 말이 아니네. 그 다음은 내가 설명할 테니 좀 쉬어.

잘들어~

와… 겁나 거들먹거리네.

내 공격의 원리는 이런 것이야.

하나의 파동진행

두 개의 틈에서 회절이 발생하여 두 개의 파동으로 분리되어 진행됨

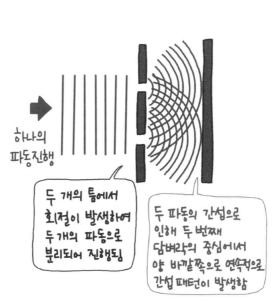

두 파동의 간섭으로 인해 두 번째 담벼락의 중심에서 양 바깥쪽으로 연속적으로 간섭 패턴이 발생함

최후의 결전이 벌어지다

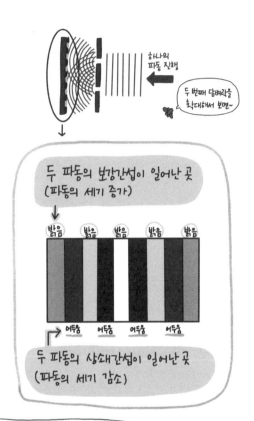

두 파동의 보강간섭이 일어난 곳
(파동의 세기 증가)

밝음 밝음 밝음 밝음 밝음

어두움 어두움 어두움 어두움

두 파동의 상쇄간섭이 일어난 곳
(파동의 세기 감소)

사쪽파야, 네 말대로 서로 위상이 반대인
두 파동이 만나면 상쇄되어버리잖아.
그런데 우리 둘이야말로 파동으로 치면, 위상이
반대인 두 파동이잖아. 괜히 서로 부딪쳐서
상쇄되지 말고, 각자 알아서 잘 살면 어때?

맞아. 나도 싸우는 거 지겨워.
게임도 해야 하고, 웹툰도
봐야 하는데, 이러고 싸우고
있으니 진짜 시간 아까워.

한밤중의
낯선 소리

10

호흡과 광합성의 신비

뉴스 좀 봐야겠다.
요즘, 세상에 너무
무관심했단 말야...

하지만 언제나 그렇듯 뉴스보다는
SNS 친구들의 근황부터 살피는
인정 많은 우리의 잼잼이.

인간성
미인

오~ 변비에
감태가 좋다고?

오~ 부대찌개
간편 쪼리 세트!
햄 추가해서
먹으면 맛있겠다!

와, 다들 왤케 재주가 좋냐. 옷도
만들어 입어, 음식도 잘 만들어⋯⋯
내일 아침에 일어나자마자 엄마한테
따져야겠다. 이건 내가 게을러서가
아니라 재주가 없어서 그런 거야.
그래, 안 그래?

그래!

아으,
피곤해.

눈알 빠지겠네.

오늘도 뉴스는 한 줄도
못 봤네. 괜찮아~
SNS 친구들을 통해서
세상 구석구석 온갖 소식
다 들었잖아.
이런 게 바로 살아있는
뉴스지. 그래, 안 그래?

그래!

감태 좀 먹어야겠다⋯

온갖 제철음식과 간편 반조리 식품,
건강에 좋은 음식과 추천 도서,
핫한 식당, 꼭 봐야 할 영화, 최고의
물리학자가 추천하는 음악에 대한
정보를 SNS에서 모두 습득한 쟁쟁이.
내일 먹고 싶은 음식을 생각하며
잠에 빠져들려는 순간,

집안 어딘가에서 들리는 이상한 소리에 깜짝 놀란다.

쟁쟁이, 자기 귀를 의심하며
다시 잠에 들려는데,

착각이 아니었다.

두려움에 얼어붙은 쟁쟁이.

잠시 마음을 가다듬은 후,
호기심과 두려움에 집싸게 불을 켜고
소리가 나는 쪽으로 간다.

한밤중의 낯선 소리

그때, 다시 소리가 들리고

범인은 바로

잼잼이가 들었던 그 소리는
내일 먹으려고 물에 담가둔
조개가 내는 것이었다.

- 아이고…
- 숨을 못 쉬겠다.

근데 어젯밤에 보니까 쪼개가 숨을 쉬더라고요. 쪼개가 생명체라는 생각을 안 하고 있었거든요. 그냥… 돌맹이 같은 느낌?

호흡이야말로 생명이 있다는 신호죠. 호흡을 통해 우리 몸은 에너지를 얻으니까요.

예에?
호흡으로 에너지를 얻는다고요? 호흡은 그냥 산소를 받아들이는 거 아니에요? 몸에 있는 이산화탄소를 내보내고요.

맞아요. 그걸 '외호흡'이라고 해요. 폐에서 일어나는 호흡이죠. 그리고 '내호흡'이라는 게 있어요. 외호흡으로 얻은 산소를 이용하여 체내에 흡수된 영양소를 에너지원으로 바꾸는 과정을 말해요.

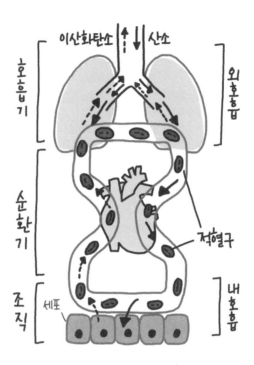

지금 우리 배 속에 조개가 있잖아요. 이런 영양소는 포도당의 형태예요. 세포 안의 미토콘드리아에서 이 포도당이 헤모글로빈에 실려온 산소와 만나서 에너지원을 만들어요. 산소와 만나니까 산화가 일어나는 거죠.

나무를 산소와 반응시키면 타서 열에너지가 나오듯이,

포도당을 산소와 반응시켜 태우면, 생체활동을 위한 에너지가 생긴다는 말씀!

아, 그래서 다이어트할 때

지방을 태운다 라는

말을 쓰는구나?
산화과정이라는 뜻이네.
비유적 표현이 아니었어!

이 잎이 에너지의 시작이라는 말이에요.
식물의 잎 안에 있는 엽록체에서 빛에너지를
이용해 탄수화물과 산소를 만들어요. 이때 물과
이산화탄소가 필요하고요. 이런 과정을 바로
'광합성'이라고 하는데, 광합성에서 산소가
만들어지는 거죠. 그러니까 이 잎이 산소의
시작이라는 것!

그렇게 생긴 탄수화물이 영양소잖아요.
동물은 식물을 바로 먹거나, 식물을 먹고 사는
다른 동물을 먹어서 영양소를 얻고.

예,예.

광합성

그러니까 결국 우리가
내호흡을 통해 에너지를
얻을 때 필요한 산소와
영양소가 모조리 식물의
광합성에서 나온 거네요.

미술관에서
아인슈타인을 만나다

11

상대성이론의 쓸모

문화생활을 사랑하는 쟁쟁이가 미술관에 갔다.

지금부터 좋아할 거임.
문화생활 ♡쟁쟁
오늘부터 1일.

거창…
이해할 수가 없어.
아니, 이게 왜 그렇게
유명한 거야?
내가 유치원 때 그린
그림보다 못하네.

〈우는 여인〉, 파블로 피카소, 1937년.

눈, 코, 입 좀 봐.
완전 지 맘대로
붙어 있네.
앞모습, 옆모습이
전부 한 얼굴에
뒤엉켜 있어.
기본이 안 됐어,
기본이… 피카소
정말 실망이다.

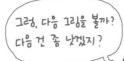

〈기억의 지속〉, 살바도르 달리, 1931년.

한편!

20세기 중반, 미국의 한 가정집.
거실 소파에 달리, 피카소, 아인슈타인이 앉아
즐겁게 만화책을 보고 있다. (지금은 21세기)

224

님들아,
취존 부탁염.
(취향 존중)
솔직히 이상하긴
이상하잖아~.

그러지 말고, 아인슈타인
네가 가서 설명해 주고 와.
너무 구시렁대니까 만화에
집중할 수가 없어.

시간과 공간을
이상하게 만든
근본 책임은
너한테 있으니까.

ㅋㅋㅋㅋ

그렁, 21세기로
나들이 좀 다녀올까?
요즘 뜸했더니
저쪽 세계가
궁금하기도 하고…

그럼, 다녀올게~

상대성이론이 나와서 시간과 공간의
절대성이 깨졌어요. 20세기 초에 나온
이 이론은 과학뿐 아니라 철학, 예술, 문화 등
인간 사회에 큰 영향을 미쳤죠. 그래서
저런 그림도 나오게 된 거고요.

예?

상대성이론은 로켓 타고 달나라 가고
광속 여행인가 뭐 그런 거
할 때만 쓸모 있는 거
아니에요? 상대성이론이랑
저 이상한 그림들이랑
무슨 상관이에요?

상대성이론에서
중요한 포인트는 3가지!

1. '상대성'의 개념
2. 특수상대성이론
3. 일반상대성이론

1. 상대성이란?

물체의 운동상태가 '관찰자의 운동상태'에 따라 달라진다는 것.

가령, 내가 공원 벤치에 앉아 오른쪽 방향으로 50km/h로 달리는

자동차를 보면, 자동차는 오른쪽으로 50km/h로 달리는 것처럼 보인다.

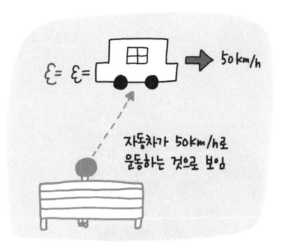

반면, 내가 그 자동차와 똑같은 방향,
똑같은 속력으로 달리는 버스 안에서
그 자동차를 바라보면, 자동차는 멈춰 있는 것
(0km/h)으로 보인다.

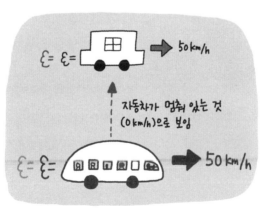

2. 특수상대성이론

특수상대성이론은 물체가 <u>등속운동</u>(일정한 속도로 운동)할 경우에 적용된다. 결론부터 말하자면, <u>정지해 있는 관찰자가 "보기에" 일정한 속력으로 운동하는 물체는 시간이 느리게 간다.</u> (공간은 수축됨)

＊정지해 있는 관찰자 눈에 상대적으로 그렇게 보인다는 것. 상대성!

멈춰 서 있는 지구의 관찰자가 보기에 빠르게 날아가는 로켓에서는 시간이 느리게 가는 것으로 관측된다.

그럼, 왜 운동상태에 따라라

시간과 공간이 늘었다 줄었다

미친 짓을 할까?

우선, 특수상대성이론을 설명하는 데 있어 가장~~~ 중요한 출발점이 있어요. 반드시 기억하고 있어야 할 사실!

매우 **중요**

빛의 속력은 운동 상태와 무관하게 모든 관찰자에게 일정한 값! (빛의 속력C = 초속 약 30만 km)

그러니까 빛의 속력은 누가 어떤 상태에서 보건 무조건 30만 km/sec으로 같다는 뜻이죠?

정답

정지해 있는 관찰자

빛

정지해 있는 관찰자에게 빛은 초속 30만 km/sec으로 멀어진다.

빛의 속력과 매우 가까운
속력으로 운동하는 관찰자

빛

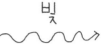

빛의 속력과 매우 가까운 속력으로 이동하는
관찰자에게도 마찬가지로 빛은
30만 km/sec으로 멀어진다. (정지해
있는 것으로 보이는 게 아니라는 뜻)

빛의 속력은 모든 관찰자에게
일정한 값이라는 사실을
염두에 두고 설명을 계속
들어보세요.

일정한 속력으로 직선운동을 하는 기차가 있다.

객실 바닥에서 수직으로 위로 발사한 빛이 천장의
거울에 닿아 반사되어 바닥으로 되돌아오게 한다.

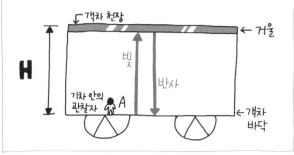

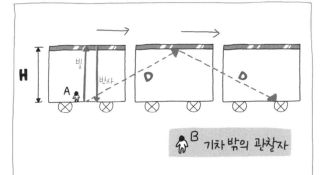

기차 안의 관찰자 A가 보기에 빛은 수직으로
천장으로 올랐다가 바닥으로 내려온다. 기차의 운동으로
인해 빛이 오른쪽으로 이동하는 만큼 관찰자 자신도
오른쪽으로 이동하기 때문이다.

하지만 기차 밖에 멈추어 있는 관찰자 B가 보기에
빛은 기차의 운동으로 인해 점선과 같이 움직인다.

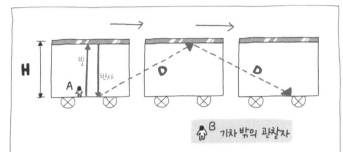

 B 기차 밖의 관찰자

그런데 거리 **D**는 거리 **H**보다 크다.
빛의 속력은 모든 관찰자에 대해 30만 km/sec으로
똑같아야 하므로 관찰자 B가 측정한 시간은
관찰자 A가 측정한 시간보다 길어야 한다.

● 속력 = $\dfrac{\text{이동 거리}}{\text{경과 시간}}$

속력은 30만 km/sec으로 정해져 있으므로
이동 거리가 늘어나면 경과 시간도 커져야 함!

가령, B의 시계가 2초 지날 때,
A의 시계는 1초가 지난다는 것.

그러면 'B가 볼 때'
A의 시계는 느리게
가는 것으로 보임!

결론적으로,

$$\varepsilon =$$

일정한 속력으로 운동하는 물체를 외부 관찰자가
볼 때, 그 물체는 시간이 느리게 가는 것으로 보임.

3. 일반상대성이론

일반상대성이론은 등속뿐 아니라 '가속운동'을 하는 물체에까지 적용된다. 질량이 있는 물체는 주위의 시공간까지 휘게 만들고, 이 시공간의 휘어짐이 중력을 발생시킴.

평평한 평지에 물체를 두면 가만히 있지만, 움푹 파인 구덩이 주변에 물체를 두면 그 공간이 휘어져 있기 때문에 물체가 움푹한 곳을 향해 굴러 내려간다. 이처럼 중력이 작용한다는 게 일반상대성이론!
(좀 어려운 이론이기에 여기서는 결론만 소개할게요.)

피카소가
이 그림을 그릴 때

여인의 앞모습을
넣고,

여인의 옆모습도
왕창 넣고,

앞모습, 옆모습을
마구 섞어서

하나의 화면에 담아 놓았죠.
즉, 공간을 하나의 고정된 실체로 여기지
않고 자유롭게 변형할 수 있게 된 거죠.

그럼으로써 한 인간의
복잡다단한 내면을
입체적으로 표현하여
예술적 효과를 드러냈지요.

아하!

그래서
입체파군요!
이제, 그림이
조금 달라 보여요.

이제 저 그림도 마냥 이상하지만은 않아 보여요. 시간이라는 게 원래부터 고정된 게 아니라 관찰자의 운동상태에 따라 달라지는 거라면, 시간이 일직선으로 흐르지 않고 비뚤비뚤 흐를 수도 있는 거니까. 그걸 화가가 저런 형태로 표현한 거네요.

그러니까요! 상대성이론이 대단하긴 하죠. 그걸 발견한 사람은 더~~ 대단하고요!

시간이 날아갔나? 벌써 학원 갈 시간이네!

헉!

뭐야…
미국에 있는
학원이잖아….

강아지는 왜 눈 올 때 더 행복해 보일까?

12

열린 감각 열린 마음

귀여운 인간 아이들~
눈 오니 즐거운가 봐….

좋을 때다. 우리도 어렸을 땐
눈이 오면 좋아서 난리가 났었지.
내리는 눈송이 보고 폴짝폴짝 뛰고
눈밭에서 구르고 말이야.

개아련~

그랬지. 그땐 왜 그렇게 좋았나
몰라. 나이 드니까 만사가 다 귀찮네.
이 나이에 인간 애들한테 재롱 떤다고
종일 진을 빼고 났더니 눈이 와도 눈이
눈에 들어오질 않아.

그러네…

강아지는 왜 눈 올 때 더 행복해 보일까?

그런데 사람들은 눈이 오면 좋다고 난리잖아. 왜 그럴까? 우리가 눈이 오면 좋아하는 이유랑 같을까, 다를까? 예전부터 그게 궁금하더라.

아련아, 네 반려인이 과학 천재잖아. 그러니 네가 설명 좀 해봐~

과학 천재 반려견 삼 년이면 양자역학도 읊긴 하지.

사람과 개가 눈을 좋아하는 이유가 같을까, 다를까……

사람이나 개나 기본적으로 비슷하지만 감각하는 게 서로 달라서 구체적으로는 그 이유가 다를 것 같아.

다른다고?

어떻게?

어떻게 다른데?

일단, 시각부터 서로 달라. 망막에 있는 시세포 때문이지. 망막에 있는 시세포는 두 종류야. 하나는 막대처럼 생긴 막대세포, 다른 하나는 원뿔처럼 생긴 원뿔세포.(원뿔세포 = 원추세포)

강아지는 왜 눈 올 때 더 행복해 보일까?

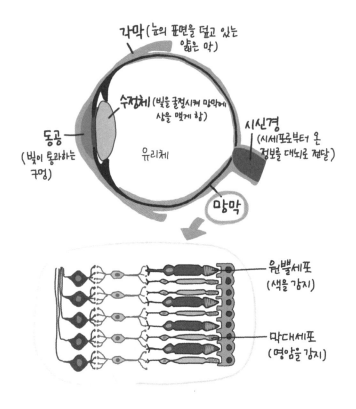

막대세포는 주로 명암을 구별하고, 원뿔세포는 색을 구별해.
그런데 우리들 개는 사람에 비해 막대세포가 많고 원뿔세포는 적어.
그래서 우리는 어두워도 잘 볼 수 있는 반면에 색깔은 잘 구별하지 못해.
사람에 비하면 우리는 거의 색맹이지.

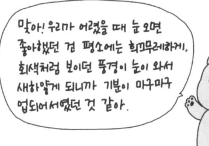

맞아! 우리가 어렸을 때 눈 오면 좋아했던 건 평소에는 희끄무레하게, 회색처럼 보이던 풍경이 눈이 와서 새하얗게 되니까 기분이 마구마구 업되어서였던 것 같아.

그렇지! 우리 개의 눈은 색은 잘 보지 못하지만 물체의 움직임은 잘 포착해. 반려인이 갑자기 공을 휙! 던져도 냅다 달려서 잘 물고 오잖아.

엊다!

또 던져요!
빨리요~!

그러니까 눈이 하늘에서 펑펑 내리거나 바람에 흩날리면, 우린 그 움직임에 신이 나서 반응하는 거지. 그러다 보면 기분이 좋아지고.

강아지는 왜 눈 올 때 더 행복해 보일까?

앙, 듣고 보니 그렇네.
나이가 들어 몸이 굼뜨지니까
동작이 느려지고, 눈을 쫓아가는
재미도 저어져서 눈이 와도
시큰둥한 것 같기도 해.

그런데…

이제껏 말 안했는데,
난 어렸을 때도 눈을
별로 안 쫓아했어.

정말?

왜?

응, 왜냐면… 아마
키가 너무 작아서
눈에 파묻힐까 봐
겁이 나서 그랬던 것 같아. 그래서인지
눈이 발에 닿는 감촉도 별로더라.

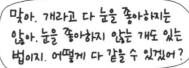

맞아. 개라고 다 눈을 좋아하지는 않아. 눈을 좋아하지 않는 개도 있는 법이지. 어떻게 다 같을 수 있겠어?

끄덕 끄덕

맞아 맞아.

그리고 우리는 후각이 특히 뛰어나잖아. 견종마다 차이는 있지만, 사람보다 만 배나 후각이 더 뛰어나다는 연구 결과도 있어. 땅속 환개미의 냄새까지도 맡을 수 있대. 그런데……

쿵쿵

야, 좀 씻고 다녀. 오죽하면 땅위에 개가 냄새 난다고 하냐…

정말? 거참 개코네…

그런데?

대단한 건 아니고…. 나는 눈이 오면 평소와 다른 냄새를 맡곤 했어. 눈송이에 실려오는 먼 이국의 특이한 냄새 같은 거. 그런 걸 맡을 수 있어서 눈이 올 때 참 좋았던 것 같아.

나도 나도. 그건 정말 눈 올 때의 특별한 경험이지.

오….

사람들은 그런 신선하고 색다른 냄새를 맡는 즐거움을 알기는 할까?

글쎄… 대신, 사랑은 우리보다 색을 많이 구별한다니 세상이 화려하고 다채롭겠지. 모든 생명체는 다들 저마다의 고유한 감각영역이 있는 법이니, 다른 동물의 어떤 감각이 우리보다 열등하다고 연민의 감정을 가질 필요는 없을 거야.

오, 과학 천재의 반려견답네! 말하는 게 학구적이면서 의젓해.

헐~ 의젓…

내가 이래 봬도 사람 나이로 치면 칠십이 다 되어가. 왜들 이래… ㅋㅋ

승승승

그건 우리도 마찬가지~

우리가 워낙 동안이라 그렇지.

우리는 후각만큼은 아니지만 청각도 뛰어나잖아.
사람과는 비교도 안 될 정도로 뛰어나지. 그런데
눈 오는 날, 특히 눈이 많이 와서 온 세상이 눈으로
완전히 덮여 있을 때는 온갖 소음이나 평소에 듣기
싫은 소리들이 많이 줄고 바람 소리나 나뭇잎 위에
눈이 쌓여서 한들거리는 소리, 사람들이 눈을 밟는
소리, 눈사람이 조금씩 햇빛을 받아서 시나브로
녹아 가는 소리 등 미묘하고 색다른 소리들이 들려와.

눈을 감고 잠시 그런 소리들에만 집중하고
있어도 온 세상이 참으로 신비롭게 다가와.

오~ 아련이~
과학천재 반려견인 줄만
알았는데, 시도 쓰나 봐.

껄 껄 껄

문학소년개
같은 소릴
다 하네~

눈 오는 날은 왠지 시적인 기분이
되잖아. 사람들도 좀 그렇게 보이더라.
하염없이 창밖을 바라보거나,
노래를 듣거나, 갑자기 시집을 꺼내들기도
하고 말야. 다들 분위기 잡고 난리더라.
꼭 우리처럼 말야.

눈이 와서
조퇴하겠어요

그냥
계속 쭉
쉬어~

강아지는 왜 눈 올 때 더 행복해 보일까?

사람을 너무 개와 같이 취급하는 거 아냐? 그러니까 뭐랄까… 의인화 아니고… 그래 의'견'화! 사람을 너무 의견화 하면 곤란하지 않을까?

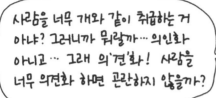

맞아, 사람들 말이야. 눈 올 때 정신착란 같은 거 일으켜서 헛짓을 하는 건지도 몰라. 사람이 머리만 우리보다 좋지, 감수성은 우리에 비하면 영 꽝인 것 같던데…

맞아.

맞아, 의견화… 그거 조심해야 돼. 무턱대고 우리 기준을 다른 대상에게 들이대면 곤란해.

물리나 화학 같은 과학 분야를 '경성과학'이라고 해. 이런 경성과학 분야에서는 이 문제가 그나마 덜하지만,

생물학이나 동물행동학, 심리학 같은 '연성과학'은 자기 기준을 다른 대상에게 들이대지 않도록 더욱 주의해야 돼.

어떤 과학 분야건 과학적 데이터를 더 많이 쌓고,

실험이나 측정 방법을 발전시켜 기존 이론이 틀렸다고 확인되면 수용하고 그걸 바탕으로 새로운 이론을 세우고 검증하려고 노력해야겠지.

이런 겸허한 자세야말로
과학의 근본 토대인 것 같아.

과학 천재 반려견
삼 년이 빈말이 아닌데?

청각 이야기를 했더니
오랜만에 고요하게
음악을 듣고 싶네.
애들 보니까 한두 시간은
더 뛰어 놀 것 같아.

골드베르크 변주곡 (연주: 글렌 굴드)

강아지는 왜 눈 올 때 더 행복해 보일까?

반물질을 예측한
폴 디랙의 반쪽은?

13

물질을 구성하는 기본 단위인 원자는
가운데 원자핵이 있고, 그 주위를
전자가 돌고 있다.

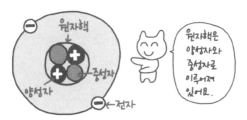

원자핵은 양성자와 중성자로 이루어져 있어요.

원자핵(양성자/중성자)과 전자는 모두
실험물리학자가 실험을 통해 알아냈다.

'핵물리학의 아버지'라 불리며
알파입자 산란실험으로
원자핵을 발견하신
영국의 물리학자,
러더퍼드 님!

영국의 물리학자로 전자와
동위원소를 발견하였고,
질량분석계도 발명하신 톰슨 님!
전자를 발견한 공로를 인정받아
1906년 노벨물리학상을
수상하셨어요.

자, 다시 정리를 하자면 ~
모든 물질은 원자로 이루어져 있고,
원자는 양성자와 중성자, 전자로
이루어져 있다. 그리고 이 양성자와
중성자, 전자는 모두 실험을 통해
발견되었다! 요기까지 이해되시죠?

그런데 !!!

실험을 통하지 않고 이론으로만
예측된 입자가 있었으니····

진짜?

그것은 바로 디랙의

반전자
(양전자)

1928년, 디랙은 전자의 운동에 관한 방정식을
처음으로 만들었는데, 이 방정식을 풀었더니
전자가 음의 에너지를 갖는다는 답도 나왔다.
디랙은 이에 착안하여 전자와 반대 전하를 가진
쌍둥이 입자가 있을 거라고 예측했다.

디랙은 이 입자를 반전자(양전자)라고 불렀다. 이 입자는 전자와 모든 게 같지만 딱 하나! ➖음전하가 아닌 ➕양전하를 띠고 있다는 점이 달랐다.

하지만 당시 물리학계는 전자의
반입자가 존재할 것이라고 주장하는
디랙을 돌아이 취급하였다.

반물질을 예측한 폴 디랙의 반쪽은?

디랙이 예측한 대로 전자의 반입자인
양전자가 몇 년 후 실험을 통해 발견되고,

이후, 전자 외에도 다른 모든 기본 입자에는 반입자가
존재한다는 것이 밝혀졌다. 따라서 반입자들로 구성된
원자핵(반양성자와 반중성자)과 반전자(양전자)로
구성된 물질은 '반물질'이 된다.

반입자가 존재한다면, 왜 자연에서
쉽게 발견되지 않는 걸까?

오냐하면요, 입자와 반입자는
쌍으로 동시에 생성 (쌍생성)
되었다가 순식간에 에너지를
방출하면서 함께 소멸
(쌍소멸)하기 때문이에요.

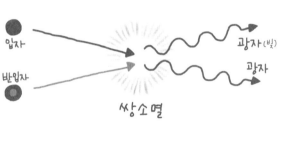

쌍소멸

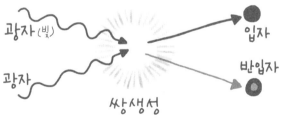

쌍생성

디랙의 반입자

반입자의 존재를 예측한 물리학자답게
디랙에게는 물리학계 내부와 외부에
반입자가 두 명이나 존재하였으니….

디랙의 반입자는 바로 그의 아내
머르기트와 1965년 노벨 물리학상
수상자인 파인만이었다.

이들은 왜 디랙의 반입자일까?

이에 대한 답을 알고 싶다면, 먼저 디랙에 관해 알아봐야 한다.

디랙요?
무척 소극적이죠.

공감능력 꽝!

지독하게 과묵하죠.

그의 과묵함은 '디랙수'라는 개념을 낳았을 정도였는데, 케임브리지 대학에서 그의 동료들은 한 시간에 한 마디 하는 것을 1디랙으로 정의했다.

1디랙은 한 시간에 한 마디.
2디랙은 한 시간에 두 마디…
저는 100디랙 이상 합니다.

공감능력도 참으로 부족하여, 그에 관한 대표적인 일화가 전해지고 있으니…

한 세미나에서 있었던 일이다.
디랙이 발표를 마치자 한 청중이 말했다.

그러자 민망해진 사회자가 디랙에게
질문에 답을 할 것인지 물었다.

276

사회자의 말에 디랙이 놀라며 말하길…

그러니까 이런 것

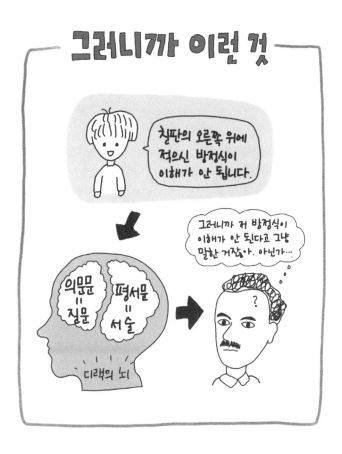

그리고 디랙의 일상은 참으로 무미건조했다.
산책 외에 딱히 취미활동이 없었다.

폴 디랙은 삼십 대 중반에 이미 노벨상을
거머쥐었고, 세계 최고의 학문적 영예 중 하나인
영국 케임브리지 대학의 루커스 석좌교수였다.

그런 디랙이 매우
어려워 하는 것이 있었으니…
그것은 바로 바로…

동료 과학자들은 디랙이 여자 한 번
만나 보지 못했을 거라며 수군댔다고 한다.

모태 솔로일 거야.
아니면 내 손에
장을 지진다.

여자 손도
한번 못
잡아봤을걸?

그렇게 여자를 피하고 어려워하는
디랙에게 동료 과학자인 유진 위그너의
여동생 머르기트 (애칭 : 맨시)가 들이댔다.

ㅋㅋㅋ

디랙, 걸려들었군.
맨시 성격 장난 아님.

유진 위그너 (1902~1995)

1963년, 노벨 물리학상을
수상한 헝가리 출신의
미국 물리학자

#물리학계 외부의
디랙의 반입자, 맨시

디랙의 반입자 맨시는 활달하고
적극적인 성격의 소유자로, 디랙은
맨시의 구애가 심해질수록 더욱
갈팡질팡하며 도망칠 궁리만 했다.

맨시가 디랙에게 여러 통의 편지를
보내서 질문을 쏟아냈는데, 디랙은
답을 미루기 일쑤였다.

성격이 괄괄했던 맨시는 그 상황을 견디지
못하고 디랙에게 왜 답을 하지 않느냐며
재촉했고, 결국 디랙은 맨시의 등쌀에
못 이겨 답장을 보낸다.

편지의 내용은 다음과 같았다.

편지 번호	맨시의 질문	디랙의 답변
5	또 누구를 제가 사랑할 수 있을까요?	제가 이 질문에 답하길 기대하진 마세요. 제가 답한다면 저더러 잔인하다고 말할 거예요.
5	제가 무척 그리워한다는 거 아시죠?	네, 하지만 어쩔 수 없네요.
6	제 심정이 어떤지 아세요?	잘 모르겠네요. 감정변화가 심하시니까.

실제로 저렇게 써서 보냈답니다.
맨시가 보낸 편지의 번호와 질문,
그에 대한 자기 답을 도표로
만들어 보냈대요.

저런 편지를 받고서도
결혼까지 가다니….
나 같으면 결혼은커녕
당장 달려가서 확!!

하긴 우리 디랙 님이
워낙 매력덩어리라
그러셨겠죠? 호호호~

자, 이제
디랙의 또 다른
반입자에 대해
알아볼까요?

#물리학계 내부의
디랙의 반입자, 파인만

… 당신을 생각하니,
새삼 내가 바보라는 생각이 드네요.
… 사랑하는 알린, 정말로 당신을
사랑해요. 당신을 사랑합니다. 이미
이 세상 사람이 아니라고 해도.

리처드 파인만

추신: 이 편지를 부치지 않은 걸 이해해줘요.
당신의 새 주소를 모르기에.

이 편지는 파인만이 사별하고 2년 후인 1946년,
세상을 떠난 아내, 알린에게 보낸 것이다.
이 편지는 그가 죽었던 1988년까지 봉인되어
남아 있었다.

당신의
새 주소를
모르기에……

파인만은 고등학생(만 15세)일 때,
두 살 어린 알린을 만나 사랑에 빠진다.

우리 디랙 닝은
그 두 배 넘게
나이 먹어도
여자는커녕…

그러다 파인만이 프린스턴 대학을 다닐 때
알린은 결핵에 걸려 시한부 선고를 받게 된다.
그러자 파인만은 요양원에서 지낼 알린을
제대로 돌보고 싶다는 마음으로 반대하는 부모님을
설득해 요양소로 가는 도중 결혼식을 올린다.
그리고 몇 년 후, 알린이 세상을 떠날 때까지
파인만은 주말마다 몇 시간을 차로 달려
요양원에 가서 알린과 함께 시간을 보낸다.

파인만은 여자뿐 아니라 각양각층의 사람에게
관심이 많았고, 노벨상 수상자로서 평생 인기를
누렸다. 산책 말고는 딱히 취미가 없던
디랙에 반해, 파인만은 물리학 연구 외에도
봉고 연주, 그림 그리기, 여행 등을 하며
여러 방면으로 인생을 즐겼다.

어린 나이에 사랑에
눈을 떴고, 음악과 미술 등
다방면에 관심을 가졌던
파인만.

사랑해
앨린♡

끊임없이 디랙의 관심을
갈망하고, 불굴의 의지로
구애했던 적극적인
성격의 소유자 맨시.

이리 와요, 퐈~
갈비뼈가 으스러지도록
꼭 안아줄게요옹~♡

그리고 이들과 달라도
너무 달랐던 디랙 ···.

이들은 서로에게 반입자였다.

그리고 뒷이야기

디랙은 서른 중반이 넘어,
결국 맨시의 줄기찬 구애에
굴복하다시피 하여
결혼을 하고 만다.

그런데!

신혼여행을 다녀오고 난 후, 디랙의 행동에
아내 맨시는 몹시 놀라고 마는데….

숫총각이었던 디랙이 신혼여행에서
이전에는 몰랐던 무언가에 눈을 뜬 것일까?

물론 과학적으로 증명되지는
않았지만 디랙을 아는 거의
모든 사람이 디랙이 숫총각이었을
거라는 데 동의한다고 합니다.

반물질을 예측한 폴 디랙의 반쪽은?

신혼여행을 다녀와서 아내, 맨시에게
이런 편지를 썼다고 한다.

여보, 당신은 몸매가 너무 아름다워요.
성숙하고 매력적이에요. 그런 당신이
온전히 나의 여자라는 걸
생각하니···. 내 사랑이 너무
육체적이라고 생각하나요?

게다가 두 딸에게는 한없이 자상한
지독한 딸바보였다고···.

아무리 공감능력 꽝인 사람도
자기 딸에게는 한없이 약해지는
법일까? 우리 디랙 님 보면
확실히 그런 것 같다.

288

두 남자의
시간여행

14

전자기 법칙이 만들어낸 현대 세계

1865년 초반 겨울의 어느 날

영국 런던

킹스칼리지 런던

제임스 클러크 맥스웰의 연구실

제임스 클러크 맥스웰
1831~1879

영국의 물리학자, 수학자.
현대 전기전자 문명의
핵심이 되는 과학 분야인
'전자기학'을 정립했다.

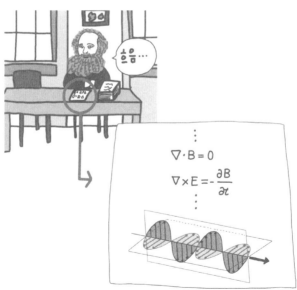

1930년대
영국 런던

두리번 두리번

여기는 1930년대의 런던이에요.
저 건물은 방송국이고요. 선생님이
전자기 법칙으로 예언한 전자기파를
이용하여 최초로 텔레비전 방송을
시작한 곳이지요.

뭐라고요? 1930년대?
좀 전까지 1865년이었는데…!

그리고
텔레비전 방송은
또 뭐요?

두 남자의 시간여행

아니… 이 안에 인형들이 들어 있을 줄 알았는데… 도대체 이게 무슨 조화지?

두 남자의 시간여행

맥스웰 선생님, 사람 인형이 연기를 한 게 아니에요. 선생님이 예언하신 전자기파electromagnetic wave의 한 종류인 전파radio wave를 이용한 기술이지요. 물체의 영상과 음성 정보를 전기 신호로 바꾼 다음에 저기 방송국 안테나를 통해 송신하고, 그걸 방금 선생님이 박살낸 텔레비전으로 수신해서 화면에 나오는 거예요.

그… 그러니까 결론적으로 전자기파가 실제로 존재하고, 버젓이 일상생활에서 저런 놀라운 방식으로 사용되고 있다는 말이오?

네, 선생님이 맥스웰 방정식을 통해 예언하신 전자기파는 19세기 후반에 하인리히 헤르츠라는 물리학자의 실험을 통해 실제로 존재한다는 게 증명되었어요.

독일의 물리학자. 주파수의 단위인 '헤르츠'는 이 과학자의 이름에서 따온 것이다. 전자기파를 발생시키고 감지하는 장치를 만들어 전자기파의 존재를 처음으로 증명해보인 과학자이다.

하인리히 헤르츠, 1857~1894

헤르츠에 의해 전자기파가 실제 존재한다는 것이 증명된 후, 얼마 지나지 않아 이 전자기파를 이용해 무선으로 전기신호를 멀리 보낼 수 있게 되었어요. 20세기로 막 접어들어서는 영국에서 미국으로 대서양 건너까지 무선 전송이 가능해졌지요.

헤이, 전기신호 웨어 아유 고잉?

미쿡!

대서양~

그리고 선생님이 맥스웰 방정식에서 밝혀냈듯이 전자기파는 빛의 속력으로 전파되니까 영국에서 미국까지 가는 데 0.1초도 걸리지 않아요.

야, 0.1초도 안 걸린댄다!

빨리 빨리!

우이씨, 맥스월...

후비적 후비적

누가 내 욕 하나?

그, 그게 사실이오? 세상에나...! 내가 예언한 전자기파가 실제로 존재하고, 또 이렇게 소중하게 쓰이고 있다니......

이건 시작에 불과해요. 21세기의 전자 문명에서 보면, 이런 방송은 원시적인 수준이에요.

헐... 이런 믿기지 않는 일이 원시적 수준이라니... 도대체 한 세기가 더 가면 뭐가 어떻게 된다는 거요?

그렇다면 다시 한번 미래로 떠나시렵니까?

오, 움직이오! 아까 내가 한 행동을 그대로 하고 있소!
아니, 그러니까… 1930년대 영국에서 봤던 거대한
방송국과 텔레비전이 전부 이 조그마한 장치 안에
다 들어 있고, 그걸 사람들이 손에 들고 다닌다는 말이오?

네, 맞아요.
역시 똑똑하시군요!

허거거… 세상에나…
도대체 이게 어떻게
가능한 거요?

핵심만 말하자면 세 가지 요소, 즉 컴퓨터와 인터넷, (개인)이동통신 기술이 결합된 덕분이에요.

이 셋은 20세기 중반부터 시차를 두고 등장했는데, 결론적으로 이 세 가지가 결합된 정점이 바로 21세기에 등장한 스마트폰입니다. 덕분에 사람들이 살아가는 방식이 혁명적으로 바뀌었고요.

아이작 뉴턴이 운동법칙을 정립하여 자동차나 비행기 등 모든 물체들의 운동 원리를 설명해냈죠.

니들 나 없음 어쩔 뻔?

- 관성의 법칙
- 가속도의 법칙
- 작용-반작용의 법칙

선생님의 전자기 법칙은 모든 전자기 현상의 근본적인 원리를 설명해주지요. 그러니 현대의 전자 문명은 선생님 덕분이라고 해도 과언이 아니에요.

얼떨떨하긴 하지만, 내 덕분에 세상이 멋지게 바뀌었다니 기분이 좋군요. 그건 그렇고… 왜 나를 우상이라고 한 거요?

헤헤헤… 선생님께 직접 그 이유를 말씀드릴 수 있다니 감개가 무량하네요. 두 가지 이유 때문인데요. 첫째, 선생님이 맥스웰 방정식을 통해 도출해낸 전자기파가 너무나 아름답고 심오하기 때문이에요.

전자기파 ♡
하악하악

어떤 점이?

선생님이 방정식을 통해 명확하게 밝혀내신 대로, 전기장과 자기장이 완벽한 대칭을 이루며, 서로 수직 방향으로 변동하면서 전기장과 자기장 둘 다에 수직인 방향으로 전자기파가 진행합니다.

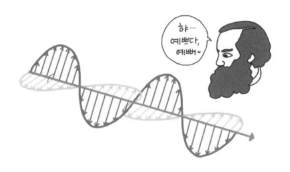

햐… 예쁘다, 예뻐~

 동양사상에는 '음양의 변화'라는 개념이 있는데요, 음과 양이 서로 통하여 만물을 생성하고 키워내며 순환하여 모든 만물이 무궁히 발전하지요.

전기장과 자기장의 변동도 꼭 이 음양의 변화와 같습니다. 전기장을 양(또는 음)이라고 하면 자기장은 음(또는 양)이라고 할 수 있고, 이 음과 양이 서로 절묘하게 상호작용하여 변화가 진행되지요.

오호!

그러니 전자기파야말로 동양사상의 핵심을 과학으로 풀어낸 것과 같다고나 할까요?

오… 그런 것도 아시오? 보기보다 똑똑한 분이시구만. 내가 밝혀낸 전자기파를 그렇게나 진지하게 생각하신다니 고맙구료. 그런데 나를 우상으로 여기는 두 번째 이유는 뭐요?

사실은 제가 조금…
조금 많이 유명하답니다.
상대성이론이라는 걸
내놓아서

시간과 공간의
개념을 뒤엎어
버렸거든요.

하하하하하하

공간

시간

그리고 그 상대성이론은
선생님에게서 출발했고요.
맥스웰 선생님 덕분에
상대성이론이 탄생한 거죠.

내가?

선생님이 빛은 전자기파의 일종이며, 모든 전자기파는 빛의 속력으로 진행한다는 것을 밝혀내셨잖아요. 그리고 거기서 빛의 속력은 일정한 상수값으로, 누가 관찰하든 어떤 상황이든 절대 달라지지 않죠.

끄덕 끄덕

그렇다면 어떤 빛을 광속으로 따라가는 관찰자가 보더라도 빛은 일정한 속력으로 멀어져야 하지요. 여러분이 잘 아시다시피 보통의 경우라면, 어떤 물체를 향해 같은 속력으로 따라가는 관찰자 눈에는 상대속도의 개념에 의해 그 물체가 멈춰 있는 것으로 보이죠.

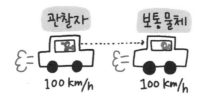

관찰자   보통 물체

100 km/h   100 km/h

이 관찰자에게 앞 차는 상대속도 개념에 의해 멈춰 있는 것으로 보임.

그런데 특이하게도 빛은 상대속도의 개념이 적용되지 않는다는 거예요. 다시 말해, 같은 속력으로 따라가며 관찰해도 빛은 멈춰 있는 것처럼 보이지 않고 여전히 30만 km/sec으로 움직이는 것으로 보인다는 거죠.

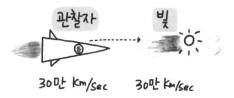

관찰자   빛

30만 Km/sec   30만 Km/sec

맥스웰에 따르면 이럴 경우, 빛은 멈춘 것으로 보이지 않고 여전히 30만 km/sec 으로 멀어지는 것으로 보임.

도대체 왜?

어째서 그럴까 궁리하다가 드디어 알아내고야 말았어요. 시간이 공간이 서로 상대적이며, 늘어나기도 하고 줄어들기도 한다는 걸 말이에요.

세상에! 시간과 공간이 제멋대로 변한다니, 지금 와서 본 21세기 문명보다 더 믿기 어려운 소리요. 하지만 그런 걸 발견하는 데 내가 도움이 되었다니 다행이구려.

하하, 제가 영광이죠. 선생님의 전자기파 예언이 저의 상대성이론으로 이어진 건 정해진 운명이었던 것 같아요.

무슨 소리요?

선생님이 돌아가시던 해인 1879년에 제가 태어났거든요. 기막힌 우연이죠?

1879

1980년대 아침 7시
대한민국 대구시, 한 중학교 부근

앞의 여행에서 스마트폰 이야기를 할 때,
컴퓨터라는 게 나왔었죠? 그 컴퓨터가
본격적으로 일상생활에서 활약하기 시작한 것이
바로 이 전자오락실이에요. 저기 잘하는 학생이
보이네요. 가서 잠깐 구경해 봅시다.

오! 피해! 쏴!!
오~ 어이쿠

GALAGA BASEBALL

태복

저거 어떻게 하는 거요?
맥스웰도 하고 싶어요.

하하하…

선생님은 전자문명을 세운 장본인이시니 잘하실 거예요.

왼쪽에 있는 막대로 비행기의 방향을 조절해서 적이 쏜 총알을 피하고요,

오른쪽에 있는 버튼을 눌러 총알을 발사해서 적의 비행기를 파괴해요.

자, 여기 오십 원짜리 동전 하나 드릴 테니 재미 삼아 한번 해보세요.

아싸~

50원으로 500원이면… 열 배를 벌었네. 이거 상당히 짭짤한데? 하루에 다섯 군데쯤 해서, 한 달만 돌아다녀 볼까?

500원 x 5군데 = 2500원/1 day
2500원 x 30일 = 75000원 / 1 month

재능 낭비의
좋은 예

어쩌다
과학 퀴즈

15

지난 백 년간 우주에 무슨 일이 있었나?

잼잼이와 태복이가 사이도 좋게
<스타워즈>를 보고 있었다.

우주 전투기들이 전투를 벌이고,

거대 우주선이 폭발하고,

이어서 행성이 폭발한다.

첫 번째 퀴-즈!
지난 백 년간 태양계의
최대 이변은?

잼잼이가 낸 문제라고
믿기 힘든데? 어렵다…
잼잼이에게 그동안
무슨 일이 있었던 거지?

그나저나
지난 백 년간
태양계 최대
이변이 뭐지?

A-HA-!

방심했어.

근데, 아까 명왕성이 행성의 지위를 잃었다는 게 무슨 말이야?

그게 그렇게 막 바뀐다고?

혹시… 아무말?

그게… 태양과 같은 별(항성) 주위를 도는 지구 비슷한 천체를 행성이라고 해. 그런데 행성의 기준이 애매했어. 명왕성이 처음 발견된 1930년대에는 명왕성이 행성으로 분류되었지.

명왕성

행성이에요!

그러다가 2006년에 국제천문연맹IAU이 새로운 행성 기준을 정하면서 그만 명왕성은 '왜소행성'이라는 행성 아래 등급으로 떨어져 버리고 말았어.

어쩌다 과학 퀴즈

왜소행성이라니…

우아, 과학이라는 것도
그때그때 다르구나.

사랑들이 모여서 회의로
행성을 강등시킬 수도
있다니, 참 재밌네.

그럼, 두 번째 퀴-즈!
21세기 은하계의
최대 이변은?

이것도 분명
허무 개그 같은 거겠지?
그러니까… 21세기
은하계 최대 이변은?

심은하 씨가
결혼한 거!

끄덕
끄덕

맞는 것
같아.

뭐래… 이번엔 진지한 거라고.

아하하하… 농담. 그러니까…어… 21세기 은하계 최대 이변은…

2019년 4월, 블랙홀 사진 최초 공개!!!

ㄸㄸ!
땡!
땡!

정답은, 은하 Galaxy가
휴대폰으로 변해버린 것!

완전 재밌지? 이놈의
유머 감각. 한계를 모른다니까.

그런데 말입니다. 블랙홀을 사진으로
찍었다고? 블랙홀은 중력이 너무나 큰
천체여서 보통의 물체는 물론이고
빛마저도 블랙홀 속으로 빨려들어가서
탈출할 수가 없잖아.

어쩌다 과학 퀴즈

그러게 블랙홀 가까이 왜 갔어?

이처럼 빛과 물질이 블랙홀 안으로 빨려들어가서 빠져나올 수 없는 시공간의 경계 지점을 '사건의 지평선' Event Horizon이라고 하지.

블랙홀

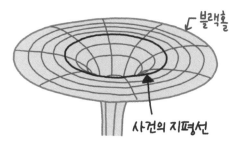

사건의 지평선

그러니까 말이야, 빛도 블랙홀 속으로 빨려 들어가버리고 빠져나오지 못하니까 블랙홀은 사진으로 촬영하는 게 아예 불가능한 거 아냐?

와, 잼잼이
블랙홀 전문가네!

에이, 무얼.
전문가씩이나

사실 있잖아, 블랙홀이 어떻게 사진으로
찍힐 수 있었냐면 말이야. 21세기는
이미지의 시대잖아. SNS나 유튜브 같은 데
이미지가 흘러넘치고, 그러다 보니···

자기 모습을 숨기고 줄곧 지구의 상황을
지켜보던 블랙홀이 드디어 근질근질해진 거지.
그래서···

도저히 못 참겠다.
나도 이미지 시대에
동참해서 인기나 한번
왕창 끌어보자!!

그래서 이렇게 사진으로
찍히게 된 거지. 야?

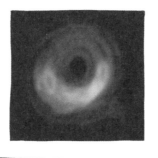

최초의 블랙홀 사진

저 사진은 '사건의 지평선 망원경'이 몇 년 동안
촬영한 거야. 그런데 그거 알아? '사건의 지평선
망원경'은 한 대의 망원경을 말하는 게 아니야.
여러 대의 망원경을 지구 곳곳에 설치해서 결과적으로
지구 크기만 한 망원경을 만든 거지.

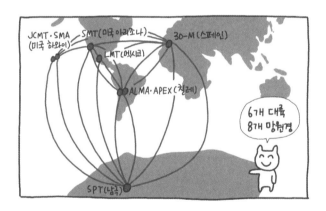

이 망원경을 이용해 지구로부터 5500만 광년 떨어진
처녀자리 은하 속에 있는 엄청나게 무거운 블랙홀을
촬영한 거야. M87*이라는 이 블랙홀은 질량이 무려
태양의 65억 배야.

블랙홀에 비해 태양은 엄청나게 가벼운 거지. 그러니까 이런 상상도 가능해. 뭐냐면…

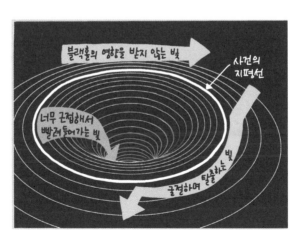

블랙홀은 중력이 너무 커서 주위의 시공간을 휘게
만들잖아. 그렇게 휘어진 시공간에서는 빛도
휘어지고. 그런 성질을 이용한 건데,
블랙홀 주위에서 빛이 휘어지는 모습을
통해 블랙홀의 윤곽을 포착한 거지.

블랙홀 사진에서
가운데 검은 동그라미는
빛이 완전히 빨려들어가는
영역이라서 검은 거야.

커피 &
도넛 ~

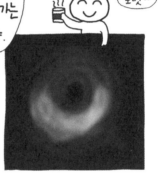

그렇게 된 거구나. '사건의 지평선' 너머로
들어간 빛은 빠져나오지 못하지만 주변을
지나는 빛은 휘어지는데, 그런
휘어지는 빛의 모습을 이용해
블랙홀의 윤곽을 촬영한 거네.

며칠 전,

프랑켄슈타인이라서 행복해요

16

인공지능의 역사적 장면들

프랑켄슈타인이 자기를 만들어준
박사에게 외로움을 호소한다.

아빠,
저 외로워요.
여자친구
만들어주세요.

으응?

아니, 그게… 나도 만들어
주기 싫은 게 아니고… 너도
소 뒷걸음치다 쥐 잡은
격으로 만든 거라서… 어흠…

박사는 고민하다 갑자기
좋은 생각을 떠올리고는

아하
바로
그거야!

딱

박사는 프랑켄슈타인에게 인공지능 스피커
마이달링 Ver. 100.1을 만들어준다.

외로웠던 프랑켄슈타인에게
마이 달링은 한 줄기 빛과 같았다.

계절이 지나가는 하늘에는
가을로 가득 차 있습니다.

나는 아무 걱정도 없이
가을 속의 별을 다 헤일 듯합니다.

가슴 속에 하나둘 새겨지는 별을
이제 다 못 헤는 것은
쉬이 아침이 오는 까닭이요,
내일 밤이 남은 까닭이요,
아직 나의 청춘이 다하지 않은 까닭입니다.

별 하나에 추억과
별 하나에 사랑과
별 하나에 쓸쓸함과
별 하나에 동경과
별 하나에 시와
별 하나에 어머니, 어머니.

☆ 〈별 헤는 밤〉, 윤동주

프랑켄슈타인은
마이 달링 Ver. 100.1과
금세 사랑에 빠진다.

프랑켄슈타인이라서 행복해요

349

< 과학 하고 자빠졌네 >
100회 특별 방송은 탐사기획보도
'인공지능의 역사적 장면들'
편입니다.

인공지능의 발전 과정에서 꼭
짚어볼 만한 주요 장면들을
타임머신을 타고 시공간을 뛰어넘으며
직접 취재했습니다.

타임머신?
진짜?

가상현실 영상 제작
프로그램을 이용해서
만들었습니다. 그럼,
화면을 다 함께 보시죠.

에이다 러브레이스,
최초의 프로그래머

Ada Lovelace

에이다 님, 뭐 하세요?

프로그램 짠다.

탐사보도 첫 번째 현장은 1840년대 영국입니다. 저기 보이는 분은 영국의 유명 시인인 바이런의 딸, 에이다 러브레이스 씨입니다.

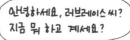

안녕하세요, 러브레이스 씨?
지금 뭐 하고 계세요?

음…제가 지금 무얼 하는지 말씀드리려면 우선
해석기관에 대해 알아야 하는데요. 간단히
말해서 해석기관이란 찰스 배비지라는 사람이
설계한, 제작은 되지 않았지만, 최초의
컴퓨터라고 할 수 있죠.

해석기관

그 장치로 어떠한 계산을 할 수 있는 알고리즘을 짜는 중이에요. 저는 이 해석기관이 미래에는 음악을 작곡할 수도 있을 거라고 예상해요.

우아~
선견지명이 뛰어나시네요!

그리고 에이다 님은 인류 최초의 프로그래머로 주목을 받고 계신데, 기분이 어떠신가요?

유전자 덕분인지 제가 지성과 미모를 겸비했잖아요. 그런 평가… 좀 지겹고, 별로 새삼스럽진 않네요.

재섭서…

와, 소문대로 자뻑 대단하시네요. 그런데 아버님이신 바이런 님도 시보다 바람둥이 행각으로 더 유명하셨던 듯. 에이다 님도 그 알량한 수학 실력을 믿고 도박 중독에 빠져 재산을 탕진하고 있으니, 흠… 그 아버지에 그 딸이로군요.

그럼, 전 이만 바빠서….

뭐여? 시방 벌써 끝난겨?

같이 가

앨런 튜링,
비운의 천재

Alan Turing

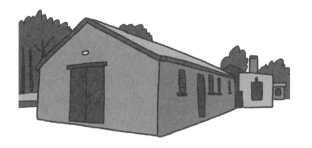

참내… 꼭 저렇게 사사건건 설명하는 애들 있어. 아, 아무튼 이렇게 들어오면 비밀스러운 막사가 나오는데요. 제가 한번 들어가보겠습니다.

저분이 바로 영화 「이미테이션 게임」으로 잘 알려진 영국의 천재 과학자, 앨런 튜링입니다.

안녕하시렵니까, 앨런 튜링 선생님? 저 기계로 독일의 암호를 해독해내서 제2차 세계대전을 2년 빨리 끝낼 수 있었고 천만 명 이상의 목숨을 구할 수 있었다고 훗날 평가한답니다. 헤헤.

뭘 이 정도 가지고요. 저는 이 암호 해독처럼 특정한 작업만 하는 기계가 아니라 모든 종류의 계산을 할 수 있는 가상의 기계를 구상했어요. 바로 튜링머신 Turing Machine 입니다.

← 프로그램

테이프

현재상태

튜링 머신 개념도

프랑켄슈타인이라서 행복해요

네, 정말로 선생님이 구상하신 튜링 머신 개념이 현대 컴퓨터의 원형이 되었죠. 그리고 선생님은 단지 수치 계산이 아니라, 인간의 사고 과정을 기계로 구현하는 인공지능 개념의 선구자이기도 하잖아요. 어떻게 그런 생각을 하게 되셨나요?

음...

저는 '기계도 인간처럼 생각할 수 있을까?' 궁금했는데, 궁극적으로 튜링머신의 계산 과정에 의해 기계도 인간처럼 사고할 수 있을 것 같았어요.

아직도 내가 잼잼이로 보이니?

그리고 기계가 인간처럼 생각할 수 있는지 판단할 수 있는 방법도 고안해 냈어요. 바로 튜링 테스트입니다.

튜링 테스트

① 서로 보이지 않는 방 3개에
사랑 2명과 컴퓨터 1대를 넣는다.

② 한 사람이 심사위원이 되어,
다른 두 방에 질문들을 보낸다.

잼잼이
착하죠?

잼잼이는
아름답죠?

③ 각각의 답변을 보고, 심사위원이
어떤 것이 인간이 보낸 것이고,
어떤 것이 컴퓨터의 답인지
구분하지 못하면 그 컴퓨터를
'인간 수준으로 사고하는 컴퓨터'라고
할 수 있다.

기계에 어떤 질문을 던져서 나온 대답이
사람이 한 대답과 구별이 불가능하다면,
그 기계는 튜링 테스트를 통과하는 겁니다.

통과!

그러면 기계도 인간처럼 생각한다고 인정해 줄 수 있다는 뜻이죠.

와, 정말 선구자시군요! 뭐든 최초 최초 최초. 혹시 오늘 저녁에 뭐 하세요? 저는 시간이 좀 많아요~

인생을 여유롭게 사는 모습, 보기 좋네요. 저는 남자친구랑 데이트가 있어서 그만 일어날게요

남자친구…

나도 남자친구 있으면

좋겠다…

앨런 튜링은 동성애자라는 이유로
화학적 거세형을 받게 된다.
당시 영국에서는 동성애가 위법행위였기 때문이다.
여성 호르몬을 투여하는 화학적 거세형의 영향으로
튜링은 우울증과 절망에 빠지고,
결국 1954년, 사과에다 청산가리를 주사한 뒤,
백설공주처럼 사과를 한 입 깨물어 먹고 생을 마감한다.
그의 나이 43세였다.

사회가 나에게 여자로 변하도록
강요했으므로, 나는 가장 순수한 여자가
선택할 만한 방식의 죽음을 택한다.

-앨런 튜링의 유서 중-

* 하지만 지금도 정확한 사인은 밝혀지지 않았다.
가족들은 사고사라고 주장하고, 영국 정부가
암살했다고 주장하는 이도 있다.

Tip 인공지능 Artificial Intelligence 이라는 용어는 1956년, 미국의 수학자 겸 과학자인
존 매카시 John McCarthy 가 처음 만들었다.

#인공지능의 겨울
그리고
인공신경망의 급성장

잼잼이도 성장 좀 해야 할 텐데….

인공지능이라는 용어가 처음 나온 1950~1960년대만 해도 인공지능의 출현이 임박했다고 과학자들은 기대에 차 있었답니다.

곧 내 세상이야~

쨔잔곳!

하지만 기대도 잠시. 막상 인공지능 연구는 이후 수십 년 동안 난관에 부딪혀 인공지능의 겨울이 도래하고 마는데요….

쨔잔곳!

곧 니 세상이라며

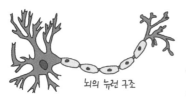

뇌의 뉴런 구조

하지만 뇌의 뉴런이 작동하는 방식을 이용한
인공신경망 연구는 꾸준히 계속되었지요.

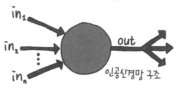

인공신경망 구조

이 인공신경망을 여러 층으로 구성하여 기계가
스스로 학습할 수 있게 하는 인공지능 구현 방식이
바로 딥러닝 Deep Learning이죠.

쌓고 또 쌓으면 인공지능
못 만들 리 없건마는
사람이 제 아니 쌓고
인공지능 어렵다고만 하더라.

#알파고의 출현

나, 다시 왔다.

2천 년 대로 넘어오면서 컴퓨터 성능의 획기적인 향상 및 빅데이터 활용 등이 딥러닝과 맞물리면서 드디어 인공지능 분야의 대사건이 일어납니다. 여러분도 잘 아시는 알파고의 출현입니다.

녹았네?

녹다 뿐이냐. 장난 아녀.

알파고와 이세돌 프로의 대국을 앞두고 있는 시점에, 이세돌 프로와 알파고를 만든 구글의 CEO인 에릭 슈미트를 만나서 곧 벌어질 세기의 대결에 관해 이야기를 나눠보겠습니다.

● 더 정확히 말하면, 알파고는 구글의 자회사인 '구글 딥마인드'가 만들었다.

흐음… 고도의 시뮬레이션을 통해 결과를 미리 훤히 알고 하시는 말씀 같네요. 아무튼 좋습니다. 그럼, 만약 알파고가 이긴다면, 어떻게 그게 가능한가요?

좀 전에 말씀드렸듯이 이번에 알파고가 이기더라도 그건 알파고 혼자의 승리가 아니라 온 인류의 승리입니다.

아휴, 뭐가 자꾸만 인류의 승리래….

얘, 성질 더럽다더니 구글 CEO 한대 맞겠다.

인류의 승리가 맞는 게요. 알파고의 기본 학습 원리인 딥러닝의 경우만 해도 2007년부터 시작된 '이미지넷 프로젝트'라는 이미지 인식 대회가 큰 역할을 했어요. 전 세계의 수많은 사람들이 협동해서 진행한 그 프로젝트 덕분에 딥러닝 기술이 비약적으로 발전했지요.

사물을 종류별로 구분해서 인식하기란 사람에겐 쉽지만, 컴퓨터에겐 오히려 매우 어려운 일이에요.

이렇듯 어떤 새로운 기술도 그 이전의 많은 사람들이 기울였던 노력의 결과입니다. 따라서 알파고가 승리한다면, 인간의 패배가 아니라 인간의 승리이지요.

왠지 구글에 저 같은 인재가 필요할 것 같은 느낌적 느낌이 오네요. 이 기회를 놓치지 마세요.

실례.

흐흐흐흐흐

기념 촬영이 있겠습니다.

프랑켄슈타인이라서 행복해요

시사만발 과학 코너 _____
**인공지능의
역사적 장면들**

지금까지 인공지능의 역사적인
장면을 되짚어보았습니다.
이제 보실 영상은 가까운
미래에 벌어질 상황입니다.
그럼, 저는 다음 시간에 다시
봽겠습니다. 즐감하세용~!

다음 시간에
다시 만나요~

마이 달링,
결혼 선물이
맘에 드나요?

딸이
있으니
저말
좋아요.

프랑켄슈타인이라서 행복해요

375

- 결혼 축하금 예상 수익$= \Sigma... \times \Pi.. + = ...$
- 연간 가계 소득 증가율$= \int a^2 bcdx + \sqrt{\quad} ... = ...$
- 가정의 행복을 위한 최적의 자녀수$=$
  $$\sqrt{x^2+y^2+z^2} - \iint_0^1 e^x dx + \cdots = \cdots$$
  $$\vdots$$

에너지는
언제 생길까?

17

우리 삶의 에너자이저

요즘 잼잼이, 과알못 완전히
탈출한 것 같아. 예전에는
과학의 주변 지식만 알고
떠벌리기만 했지, 정작
과학 자체는 몰랐는데…
이젠 많이 달라졌네.

헤헤…
알고 보니
과학이
재미있었더라고요.

그럼, 질문 하나 할까?
에너지가 뭐야?

에너지요?

물리학에서 에너지란 일을 할 수 있는
능력을 말하는데요. 일은 W=FS…
에너지의 단위는 J(줄)… 오블라디 오블라다…
에너지의 종류에는 운동에너지, 위치에너지,
전기에너지… 어쩌고 저쩌고… 쌀라쌀라…
또 에너지 보존의 법칙이라는 것이 있어서…

나불나불

에너지는 언제 생길까?

"잼잼아, 이제 눈을 떠봐."

나사가 촬영한 태양의 근접 영상

태양과 같은 별에서 나오는 저 빛이 지구와 같은 행성에겐 에너지의 근원이란다.

그런데 쟁쟁아, 저 태양 안에서 언제 에너지가 만들어지는지 아니?

음…그게… 헤헤헤. 잘 모르게쏴요. 언제 만들어지나요? 궁금궁금.

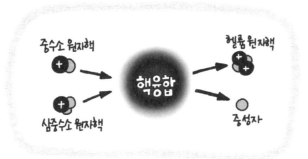

중수소 원자핵

삼중수소 원자핵

핵융합

헬륨 원자핵

중성자

태양 안에서는 저런 과정으로 핵융합 반응이 발생해.

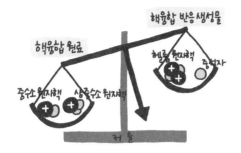

핵융합 반응 생성물

핵융합 원료

헬륨 원자핵   중성자

중수소 원자핵   삼중수소 원자핵

저울

그런데 핵융합이 일어나고 만들어진 반응
생성물의 질량이 핵융합이 발생하기 전,
원료의 질량보다 작아. 핵융합 과정에서
질량이 줄어드는 거지. 이렇게 줄어든 질량이
아인슈타인의 공식 $E=mc^2$에 의해 막대한
에너지로 변하는 거야.

$E=mc^2$ 저도 알아요! 그 유명한
아인슈타인의 질량-에너지 등가 공식!

$E=mc^2$에서 c값이 빛의 속력
(약 30만 km/sec)이라서 엄청 크니까 그걸
제곱한 건 더 어마어마하게 크죠. 그러니까
핵융합 후에 줄어든 질량(m)이 아주 조금이라도
c^2과 곱해지니, 생성된 에너지의 값은 무지무지
어마어마하게 크겠네요.

에너지는 언제 생길까?

게다가 태양의 질량은 지구의 33만 배나 되니까… 꺄아악! 태양 질량의 일부만 핵융합 반응에 관여하더라도, 생기는 에너지가 무지막지하게 크겠네요!!

이 엄청난 에너지는 작은 원소가 자기 질량을 얼만큼 잃고서 더 큰 원소로 바뀔 때 생기는 거야. 이는 우리 인생과 비슷하지. 작은 것을 버려야 더 큰 것으로 성장하고, 그 과정에서 인생을 살찌울 에너지가 생기니까.

헤헤헤…. 무슨 말씀인지 알 듯 말 듯 알쏭달쏭….

그럼, 다시 눈을 감아 볼래?

흠... 이번엔 뭐가 보일까?

원자핵
+
−
전자

오!

저, 이거 뭔지 알아요.
수소 원자 속이에요!
하나의 원자핵 주위를
전자 하나가 돌고 있으니까!

에너지는 언제 생길까?

흠… 전자가 다니는 길인가요? 전자는 저렇게 정해진 궤도로만 다니고, 궤도가 아닌 곳으로는 다닐 수 없는 거…

딩동댕! 그럼, 저 궤도는 무얼까?

오, 멋진데?

잼잼이
추리력 짱

원자 속에 있는 저 궤도를 '에너지 준위'라고 하는데 전자는 오직 저 궤도에서만 움직일 수 있어.

그리고 바깥쪽 궤도는 에너지가 높고, 안쪽 궤도일수록 에너지가 낮단다.

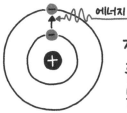

전자는 외부에서 에너지를
흡수하면 낮은 준위에서
높은 준위로 올라가고

반면에 높은 준위에 있던
전자가 낮은 준위로
내려가면, 빛의 형태로
에너지를 외부로 내놓지.

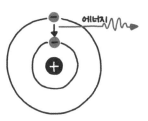

아, 알겠어요 ! 아까랑 비슷하네요. 수소
원자핵은 질량이 줄어드니까 에너지가 생겼고,
전자도 높은 자리에서 낮은 자리로 내려가니까
에너지가 생기네요

에너지는 언제 생길까?

그렇지. 무언가를 얻거나 무언가가 더해져서가 아니라, 무언가를 잃거나 내어놓을 때 에너지가 생겨나. 과학이 우리 인생에 관해 가르쳐준 진리라고 할까?

아⋯

끄덕 끄덕

✳   ✳   ✳

엄마, 잘 지내지?
나야 잘 있지.
내가 오늘 과학 공부를 좀
했는데, 뭔가를 잃거나
내어놓을 때 에너지가
생긴대. 그래서 엄마 생각이
나더라고. 엄마도 나랑 오빠야
키우느라 힘 많이 들었을 텐데 싶어서…
엄마가 우릴 위해 얼마나 많이 내려놓고
희생했을까 하는 생각이 들더라.

근데 엄마, 있잖아…
요새 기력 좀 딸리지 않아?
에너지가 필요할 거 같은데…
내어놓으면 에너지가
생긴다잖아. 엄마, 이건
과학적으로 증명된 거니까
믿어도 돼. 그래서 말인데…
내가 용돈이 좀 필요……

에너지는 언제 생길까?

안 통하네, 안통해.

과학 공부 좀
더 해야겠네.

고민을 많이 하면 살이 찐다, 확실히

만화를 그리다가 문득
자괴감이 들었다.

나는 왜 자꾸 이런 드립을
치고 싶은 걸까…

이를테면 이런 거…

반입자의 존재를 예측한 물리학자답게
디랙에게는 물리학계 내부와 외부에
반입자가 두 명이나 존재하셨으니…

아무래도 내 SNS 친구 중에 아재가
많아서가 아닐까 긴급 진단해본다.

이 문제로 고민하다가
잠을 못 잤다.

신데렐라가
잠을 못 자면?

모짜렐라

~~야식으로 뭘 먹을까~~ 잠을 설치며
고민을 하다보니 출출해졌다.

라면
한 사바리
때려보까.

물이 끓자 나는 라면 봉지를 뜯고
면을 냄비 속에 넣었다. 그런 다음
자연스레 라면 스프 봉지를 뜯다가
친구의 조언이 떠올라 화들짝했다.

으악!

알고 보면 나는 다정한 사람

대학 3학년 때,
준민이, 강민이, 한수, 병찬이
다같이 전자기학 수업을
들었었죠.

아련~

우리 '맥스웰 방정식'이라고 하면
다들 고개를 절레절레 저었어요.
전자기학 교수님이 어찌나 죽기살기로
열강을 하시는지요.

환갑도 지난 분께서
토요일에 보강을 하겠다고
학생들 불러나가 네댓 시간
열강을 하시는데, 와…

그곳은 지옥이겠네요.

그러네···. 지옥이겠네···.

아하하하

여보라, 공돌이의 순수한 마음을 매수 쳐라!

공심工心 파괴자 지이

공돌이 여러분, 사랑합니다 ♡

때론 이해하지 못할 일이 벌어지곤 한다

아무말이나 해도 되는 상대방과 있을 때,
나는 느닷없이 다른 사람으로 변신하곤 한다.
가령, 이런 식이다.

아…
또 시작이구나.
나도 동참해보자.

영국엔 왜요?
여왕이 초청했어요?

오~ 지저스~
아니요. 아직 그 불행한
뉴스를 못 들으셨군요?

케임브리지 대학
알죠? 저, 거기
취직했잖아요.

루커스 석좌교수로…

호호호호

김손

뭘 모르시는군요?

제 논문이 『네이처』에 실렸어요.

네이처야, 안 무겁지?

논문 제목이 뭔데요?

상대방 이론.

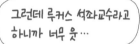

그런데 루커스 석좌교수라고
하니까 너무 웃…

잠깐!

이보게, 태복이.
먼저 알아야 할
것이 있네.

네?

자네, 지금 하려는
말을 입 밖으로
꺼내는 순간,
큰 화를 입을 것이야.

맞네…

할 수 있지만 안 한다

막바지 작업 중.
공저자와 함께 내용과 그림에 오류가
없는지 살피고 수정을 하고 있었다.

오류 감시자들.jpg

야, 매!
한눈 팔지 말고
잘 보라고. 오류 나면
말하는 거야. 알간?

오류 감시자들의 감시자.jpg

〈반물질을 예측한 폴 디랙의 반쪽은?〉
여기에 핵물리학의 아버지, 러더퍼드 님이
나오잖아요. 거기에 원자핵을 발견한 공로로
러더퍼드 님이 1908년에 노벨물리학상을
받았다고 되어 있는데요, 다시 확인하니 그게
아니에요. 1908년에는 노벨화학상을 받았고,
원자핵은 그 후, 1911년에 발견했네요.

다음에 나올책